AF389058

LA CONSTRUCTION MODERNE

(Fer et Béton Armé)

ET

LA MITOYENNETÉ

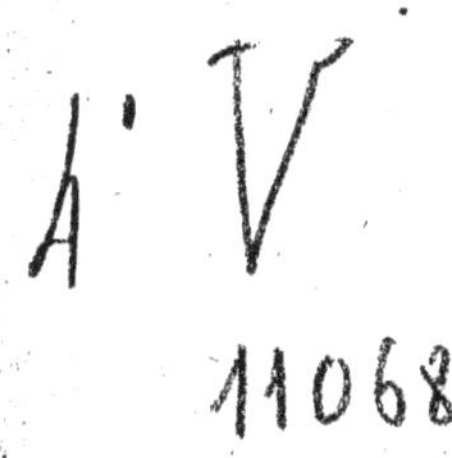

LA CONSTRUCTION MODERNE
(Fer et Béton Armé)
ET
LA MITOYENNETÉ

INTRODUCTION

Les perfectionnements techniques réalisés dans l'utilisation des matériaux et le désir constant d'édifier des bâtiments qui utilisent, au maximum, un terrain de plus en plus cher ont conduit à l'emploi, sur une grande échelle, de procédés nouveaux de construction, inconnus encore au début du siècle dernier.

Le fer et le béton armé prennent, dans nos immeubles modernes, une place prépondérante. Utilisés dans les murs séparatifs, leur présence n'apportera-t-elle pas quelque trouble au domaine juridique de la mitoyenneté ?

Celui-ci s'accommodait fort bien jusqu'ici des règles établies par les anciennes coutumes. Ces mêmes règles permettront-elles les innovations que suscitent ces matériaux ? Telle est la question que nous allons examiner.

R. Delage

Nous diviserons la présente étude, en quatre chapitres qui comprendront :

CHAPITRE PREMIER. — La construction moderne.
Exposé sommaire des idées générales qui la régissent.

CHAPITRE II. — La mitoyenneté.
Evolution. — But. — Nature.

CHAPITRE III. — La construction moderne et la mitoyenneté.
Examen de quelques cas d'espèces.

CHAPITRE IV. — Conclusion.

CHAPITRE PREMIER

LA CONSTRUCTION MODERNE

**Exposé sommaire des idées générales
qui la régissent.**

Le prix croissant des terrains, la concentration dans les grandes villes d'une population à loger sur un espace relativement restreint, conduisent à la nécessité d'édifier des immeubles de plus en plus élevés, utilisant au mieux la surface à construire, dont il faut éviter tout gaspillage.

Le fer et le béton armé permettent, par leur résistance, de trouver dans un espace relativement restreint, des supports capables de soutenir des charges que seuls, auparavant, des gros murs eussent été susceptibles de recevoir. La résistance limitée du bois n'autorisait que des poutres de faibles portées ; le fer et le béton armé laissent, au contraire, la possibilité de portées considérables qui suppriment les murs intermédiaires et, avec eux, des pertes de surface.

Le mur de maçonnerie fait place au poteau et à la poutre.

Les gros murs, autrefois nécessaires comme soutien, disparaissent progressivement.

Le gros œuvre intérieur de la construction est remplacé par une carcasse dont les vides sont voilés par des maçonneries qui, en fait, ne supportent aucune charge. L'intérieur de chaque étage donne alors l'aspect d'un vaste hall, distribué au gré du constructeur, selon les besoins, par de simples cloisons, sans qu'il y ait lieu de subordonner l'aménagement à l'existence des gros murs.

Les cloisons, d'une plus faible épaisseur que les murs, permettent de récupérer et d'utiliser une surface appréciable.

Cet ensemble de poutres et de poteaux liés les uns aux autres sans possibilité de se disjoindre, augmente la stabilité de l'immeuble. Mais au pourtour du bâtiment, cette ossature continue à venir prendre appui sur les murs séparatifs, sur les murs de façade, laissant subsister les risques de décollements, toujours possible si le mur se déverse. L'idée apparaît alors de lier ces murs à la structure générale, de constituer un bloc dont chaque partie prend appui sur ses voisines et lui est relié d'une façon immuable, formant corps avec elle ; l'ensemble devient ainsi une vaste ossature dont tous les éléments sont solidaires les uns des autres, se soutiennent et se complètent. Les murs extérieurs sont constitués par une série de poutres et poteaux, en fer ou béton armé, et une maçonnerie de remplissage ; celle-ci, réalisée avec des matériaux variables suivant qu'il s'agit de murs de façade ou de murs séparatifs, d'habitation bourgeoise ou de local industriel, etc..., n'ayant aucune charge à supporter, ne reçoit qu'une épaisseur réduite.

Le fer et le béton prennent ainsi la place de la maçonnerie de soutien et du bois des charpentes ou des pans de bois. Avec ce dernier, disparaît un élément éminemment combustible.

Les matériaux qui lui sont substitués sont, au contraire, incombustibles. Le risque d'incendie se trouve-t-il diminué dans la construction moderne ? Les nouveaux matériaux résisteront-ils au feu comme les anciens murs de maçonnerie et pourront-ils servir d'écrans contre la propagation d'incendie ? Par ailleurs, la diminution d'épaisseur des murs extérieurs ainsi constitués, permettra-t-elle d'assurer une protection suffisante contre les intempéries ?

Il ne nous appartient pas d'exprimer une opinion personnelle sur ces différentes questions ; il est intéressant, cependant, de signaler les solutions qui ont pu y être apportées, soit par les constructions réalisées, soit par les études des techniciens, soit par les expériences. Défavorables, elles montreraient la précarité des procédés modernes de construction ; favorables au contraire, elles témoigneraient de leur avenir et, en conséquence, de la nécessité d'un examen des situations juridiques qu'ils vont engendrer.

Nous allons rapidement en examiner quelques-unes.

* * *

En ce qui concerne la structure générale des bâtiments, l'emploi du fer a devancé celui du béton armé.

Sans vouloir parler des ouvrages d'art, dans lesquels il entre dans une proportion considérable, son utilisation en matière d'immeuble d'habitation a pris, surtout en Amérique, une grande extension.

Dans une Conférence à la Société des Architectes Diplômés par le Gouvernement, le 3 mai 1923, M. Henri Pantz, Ingénieur A. M et E. C. P, exposait d'une façon saisissante, les procédés de construction des gratte-ciel à New-York.

« Les deux principales raisons, disait-il, qui ont conduit les Américains à construire des gigantesques immeubles sont : d'abord le prix extraordinairement élevé du terrain dans certains quartiers, ensuite le manque de surface disponible dans ces mêmes quartiers. »

Et voici ce qu'il nous dit sùr l'édification de ces bâtiments :

« En principe, un gratte-ciel se compose d'une carcasse métallique habillée avec de la maçonnerie.

« Dans les immeubles européens, les planchers des différents étages sont supportés par les murs extérieurs montés en brique ou en pierre. Mais dans les gratte-ciel, on ne peut adopter ce mode de constructions ; car étant données les fortes surcharges dues au grand nombre d'étages, on devrait donner aux murs des sections considérables. Il faut construire ces gratte ciel avec un faible encombrement et permettant, en outre, une construction rapide. Le fer seul peut être employé.

« La rapidité a ici une importance primordiale. En effet, comme je l'ai signalé au début, l'une des raisons d'être du gratte-ciel est la cherté du terrain sur lequel on le construit. Le propriétaire aura donc le plus grand intérêt à pouvoir disposer de son immeuble le plus rapidement possible, afin de ne pas laisser improductif le capital engagé pour l'achat du terrain. »

Cette dernière phrase pose le problème moderne, qui se manifeste aussi bien dans les villes de France que dans les villes américaines : construire vite des immeubles importants, sur des terrains de plus en plus chers, dont il faut éviter le gaspillage.

Comment sont constitués ces bâtiments.

M. Pantz nous dit :

« La charpente métallique, en général très simple, se compose : 1° de poteaux ; 2° de poutres et de poutrelles assemblées entre elles et sur les poteaux, et formant l'ossature des planchers...

Afin que l'immeuble résiste à l'effort du vent, les poteaux sont entretoisés entre eux par des diagonales allant d'un étage à l'autre, ou bien par de forts goussets disposés aux angles d'assemblage des poutres avec les poteaux. »

Puis plus loin :

« Si les fondations sont généralement assez longues à exécuter, par contre la charpente métallique est montée avec une grande rapidité...

« Ce montage s'exécute au moyen de derriks pivotants à raison de deux étages à la fois, car les poteaux sont livrés en chantier par tronçons correspondant à la hauteur de deux étages.

« Ces derriks prennent appui sur l'ossature métallique du plancher le plus élevé pendant tout le cours du montage, mais les treuils de manœuvre restent à demeure au premier étage avec les treuils de monte-charges.

« Les monteurs de ces buildings sont de véritables acrobates qui courent sur les poutrelles sans se soucier du danger à quelque hauteur qu'ils se trouvent. Les différents assemblages sont généralement rivés, et quand on visite un chantier, on voit souvent des rivets rouges passer dans l'air ; ces rivets étant reçus à la volée dans un seau par le riveur, qui, généralement debout sur une poutrelle, se précipite au-devant du rivet qu'on lui a lancé d'un étage inférieur... »

Le plancher est composé de dalles de béton, et quand il est achevé, on monte les murs extérieurs et les cloisons intérieures. En même temps

« on enrobe les poteaux, soit dans une couche de ciment d'une épaisseur réglementaire de 5 cm., soit dans des poteries d'une épaisseur de 10 cm., afin de les protéger contre l'action du feu en cas d'incendie.

« Les poteaux dé façade sont généralement habillés de poteries décoratives qui peuvent faire croire, à première vue, que le bâtiment est supporté aux étages inférieurs par de magnifiques colonnes de marbre...

« Les cloisons intérieures sont faites soit en carreaux de plâtre, soit en briques creuses d'une épaisseur de 7 cm. environ ».

La carcasse de l'immeuble est fabriquée à l'usine, et l'opération sur place ne consiste qu'en un montage des diverses pièces détachées ; les murs extérieurs, la façade, sont constitués en pierre ou autre matériaux qui viennent remplir les intervalles des poutres et poteaux et qui, appliqués contre l'ossature, ne forment qu'un revêtement n'intervenant pas dans la résistance du bâtiment.

Le 7 juin 1928, à la Salle des Ingénieurs civils, M. Jourdain, directeur de *la Technique des Travaux*, présentait un film montrant la rapidité avec laquelle avait été édifié un immeuble de 32 étages à Chicago. Douze mois avaient été suffisants pour le construire. En ce qui concerne les murs extérieurs, M. Jourdain précisait, que l'épaisseur des pierres de façade ne dépasse pas 30 cm. L'exécution de cette façade suivait, à quelques étages près, celle de la charpente métallique.

*
* *

A vrai dire, il ne semble pas que nous ayons suivi, en France, l'exemple de l'Amérique, dans l'application étendue de ce genre de construction, sauf, toutefois, en matière de bâtiments industriels et commerciaux où la nécessité de vastes halls a suscité l'emploi d'une charpente métallique.

Cependant, au début d'une récente session du Conseil municipal de Paris, la question a été agitée de rechercher une solution à la crise actuelle de l'habitation par l'utilisation des procédés américains. Voici ce que disait un conseiller municipal :

« Notre session qui commence, doit être consacrée au logement surtout. La situation est très sérieuse, même angoissante, elle commande une grande énergie. Voici une formule que je recommande :

« Location par bail emphytéotique des espaces libres disponibles ;

« Concours pour la construction ;

« Appel aux établissements métallurgiques pour la fabrication en série de bâtis d'acier sur sept étages, avec escaliers et cages d'ascenseurs ;

« Concours pour le remplissage de ces bâtis en briques ou agglomérés de ciment;

« Concours pour les installations intérieures ;

« Les appartements seraient de trois, quatre et cinq pièces avec cuisine et salle de bains, cabinet de toilette.

« Tous les services standardisés, bien entendu.

« Ainsi la Ville aurait bien peu d'avances à faire. Elle pourrait intervenir par une garantie d'intérêt. Une grande loterie, avec des appartements pour lots, nous fournirait les fonds.

« Je crois que ce serait là une bonne méthode; elle est employée aux Etats-Unis. »

Depuis un certain nombre d'années, le béton armé, devenu un concurrent redoutable pour le fer, paraît avoir la grande faveur des constructeurs.

Il semble, aux dires des techniciens, qu'il doive rénover l'art de construire et acquérir une place prépondérante qui usurperait celle du fer ; il en aurait tous les avantages, toutes les qualités, sans aucun des inconvénients.

M. Arnaud, dans son cours professé à l'Ecole Centrale en 1921, donne les motifs de l'emploi de ce nouveau matériau :

« S'appuyant sur le fait capital que le fer et le béton ont sensiblement le même coefficient de dilatation, et sur l'adhérence parfaite du fer et du béton, sans lesquelles il n'y aurait pas de béton armé, l'idée consiste à renforcer le béton qui ne travaille complètement qu'à la compression par des armatures en fer ou en acier, judicieusement noyées dans la masse et qui permettront de faire travailler le béton ainsi armé, non seulement à la compression mais encore à l'extension. Le béton à son tour, par sa cohésion propre et son adhérence parfaite avec le fer, retardera les déformations des armatures, ce qui donnera un meilleur rendement du métal que s'il était employé isolément.

« Les deux matériaux s'entr'aident mutuellement et permettent d'obtenir des résultats qu'ils ne pourraient donner séparément en faisant la somme de leurs résistances propres.

« Il s'agit bien d'un nouveau matériau formant monolithe, ayant ses qualités et ses propriétés différentes de celles du fer et du béton »

Le béton armé ne nécessiterait aucun entretien et le fer qui s'y trouve incorporé, se trouverait efficacement préservé contre toute altération.

En présence du feu, sa supériorité sur le fer se manifesterait nettement. Les poutres en fer prennent en effet, une conductibilité importante, et leur dilatation les conduit à pousser les murs, aidant ainsi la destruction.

Au contraire, M. Arnaud dit que :

« Les expériences ont prouvé que le béton armé résiste à l'action du feu et au refroidissement brusque.

« La circonstance heureuse de l'égalité des coefficients de dilatation des deux produits fait que, sous l'action du feu il n'y a pas désagrégation dans la masse du béton armé. Comme en outre, le béton est mauvais conducteur, le fer ne subit pas ces allongements qui, dans les incendies, renversent les points d'appui. »

Il y a quelques années, l'incendie des Grands Magasins du Printemps a fourni un nouvel exemple de la mauvaise tenue d'une charpente métallique en présence du feu, en ne laissant subsister, de l'ensemble, qu'un amas de fer tordu.

Plus récemment, au contraire, l'immeuble Pleyel, faubourg Saint-Honoré, dont les murs intérieurs sont constitués par une ossature en béton armé avec remplissages, fut soumis à cette même épreuve. A l'issue d'une visite à l'immeuble sinistré, M. Antony Goissaud déclare dans *La Construction Moderne* du 2 septembre 1928, p. 588 :

« Pénétrant dans la grande salle, j'ai pu constater qu'elle avait bien résisté, alors que si des charpentes métalliques avaient été employées elles auraient été lamentablement renversées et tordues ; tout était resté en place, bien protégé par les doublages en briques dont j'ai parlé et qui constituaient le plafond et les parements de la salle...

« En résumé peu de dégâts par le feu, la salle Pleyel atteinte et son mobilier complètement consumé ; par contre, beaucoup de dégâts par l'eau, et un immeuble ayant résisté à l'incendie, grâce au béton armé qui s'est opposé à sa propagation dans le restant de l'immeuble. »

Envisageant l'action de l'humidité sur le béton armé, M. Arnaud écrit :

« C'est un des matériaux qui résiste le mieux à l'humidité et à l'eau. Or, dans le bâtiment, l'eau est autant à craindre que le feu. »

« Le béton armé durcit avec le temps et ne s'altère pas s'il n'est pas soumis à des agents de destruction auxquels les autres matériaux ne résisteraient pas mieux. »

Ses qualités ont incité à lui rechercher une utilisation de plus en plus étendue, et si nous en croyons M. Guilmoto, Ingénieur des Arts et Manufactures, et Président de la Chambre syndicale des Travaux publics de Paris et du département de la Seine, il a brillamment fait ses preuves.

« Grâce à lui, écrivait-il dans le n° 164 de *Science et Industrie*, 1921, p. 47, le constructeur dispose aujourd'hui d'un matériau extrêmement résistant qui répond à merveille aux besoins des constructions modernes, et qui permet de donner aux édifices l'élan et la légèreté des charpentes métalliques en leur conservant l'apparence de la pierre dure. »

Il faut ajouter, que par son mode même de fabrication, il se prête à une variété extrême d'utilisation.

Pour les fondations en mauvais état, on l'emploie à la confection de pilotis ou de radiers, et, dans les immeubles, il tient l'office du fer utilisé par les constructeurs américains.

M. Arnaud donne des précisions sur les avantages qu'il apporta dans la construction d'un immeuble à Paris.

« La forme et l'exiguïté du terrain pour ce qu'il fallait loger dans l'immeuble étaient telles que tout ce qui pouvait accroître la superficie logeable devait être employé.

« Les murs de refend ont 0,12 au lieu de 0,45, les murs de façade, 0,18 et 0,16 au lieu de 0,50, les cloisons 0,05 au lieu de 0,08, et tout à l'avenant.

« Enfin, j'ajouterai que le prix du terrain était tel, qu'il justifiait la dépense supplémentaire que pouvait apporter ce mode de construction.

« La faible épaisseur des planchers, 0,12 au lieu de 0,30 a donné un gain de 0,18 qui, se répétant 10 fois, a permis de donner à cette maison 11 étages (y compris les deux sous-sols) c'est-à-dire, tout en restant dans le gabarit imposé par les

règlements de gagner un étage de plus sur les autres immeubles. »

Peut-être la faveur du béton armé a-t elle été un peu
ébranlée, plus ou moins justement, auprès du public,
par les récents accidents de Vincennes, de Paris et
de Prague.

« Une telle diversité dans les applications de ce matériau,
dit M. Guilmoto dans l'article précité, devait naturellement
provoquer l'émulation d'un grand nombre de constructeurs ;
mais, si la fabrication des objets de petite dimension ne
nécessite qu'un tour de main qui s'acquiert assez rapidement, il n'en est pas de même de la construction des
ouvrages de quelque importance, dont la stabilité et la
résistance doivent faire l'objet d'une étude préalable et dont
l'exécution ne peut être confiée qu'à des spécialistes... »

Et dans un article de la même revue, intitulé « le
Béton armé dans la construction », M. Brice, président de la Chambre syndicale des constructeurs en
ciment armé de France, précise :

« La technique du béton armé est ainsi devenue du ressort de l'Ingénieur et n'est plus, comme à ses débuts, laissée à l'inspiration des inventeurs.
« Il n'est plus permis d'ignorer les hypothèses et les lois
auxquelles est soumise l'utilisation de ce matériau dès que
l'on aborde la construction d'un ouvrage de quelque importance...
« Le béton armé, dit la circulaire ministérielle de 1906 qui
précise les conditions de son emploi, ne vaut que par la
perfection de son exécution. Les accidents survenus, sont,
en général, dus à la médiocre qualité des matériaux ou à
leur mauvais emploi... »

*
* *

Il ne nous appartient pas de nous arrêter aux polémiques qui se sont élevées récemment encore, sur les avantages et défauts respectifs du béton armé et du fer, et sur la lutte engagée entre eux ; constatons simplement leur utilisation croissante sur les chantiers.

M. Magne, Professeur au Conservatoire national des Arts et Métiers, dans son rapport au Congrès technique international de la Maçonnerie et du Béton armé, en mai 1928, sur « la convenance de la décoration du béton armé par l'utilisation de la matière même », montre que le béton armé peut-être, non seulement un élément de structure, mais aussi un élément décoratif. L'église Notre-Dame du Raincy, la Cour des Métiers à l'exposition des Arts décoratifs de 1925, le pavillon de l'Art appliqué aux Métiers, sont pour lui des exemples, et M. Paul Vorin, architecte en chef des monuments historiques, propose dans la revue *Art et Bâtiment* du 15 mars 1928, une villa exclusivement en béton armé.

C'est à cette dernière idée que se rattache la pierre armée Pauchot.

« On réalise, dit M. Arnaud dans son cours, une construction en ciment armé pouvant se ravaler et se sculpter, ce que le béton ne permet pas de faire, permettant en outre, par sa faible épaisseur, de récupérer de la place utile, et chargeant moins les fondations que la pierre de taille. »

En général, cependant, le béton armé paraît utilisé comme ossature générale, constituant les parties résistantes de l'immeuble.

Quant au remplissage, il est nécessaire qu'il possède les qualités isolantes des anciens murs plus épais.

La qualité doit suppléer à la quantité.

En outre il doit, par son insonorité, remédier au grand inconvénient du fer et du béton de conduire les sons.

La brique ordinaire a été souvent utilisée.

M. Mesnager, membre de l'Institut, inspecteur général des Ponts et Chaussées en retraite, signale, dans le n° 164 de *Science et Industrie*, année 1927 p. 51, les propriétés particulières du béton cellulaire qui le rendrait particulièrement apte à tenir cet office de remplissage.

Son inventeur, l'ingénieur danois M. Erik Christian Bayer, aurait obtenu des résultats satisfaisants en incorporant de l'air dans la masse du béton, sous forme d'innombrables petites cellules.

« Le béton cellulaire, dit M. Mesnager, est un isolant léger, incombustible, imputrescible... A densité égale, il est aussi isolant que le liège...

« En sa qualité de matériau de construction, dit-il plus loin, le béton cellulaire remplace très avantageusement les matériaux ordinaires de construction, tels que : moellons, briques, briques creuses, briques spéciales, etc...

« Armé comme le béton ordinaire, il remplace dans certains cas ce dernier, surtout pour les toitures.

« Il rend habitables les pièces sous toitures et permet

d'obtenir en général des habitations chaudes l'hiver et fraîches l'été. Il économise de l'espace, sert de pare feu. Employé comme cloison, il met les pièces à l'abri du bruit des pièces voisines. »

Dans le n° 169 de la même revue, année 1928, M. Mesnager déclare :

« qu'un mur de 15 cm. seulement de béton cellulaire de densité 0,7 ou 0,9, présente les mêmes qualités d'isolation, que le mur massif de 50 cm. autrefois couramment utilisé. »

Ce matériau, mis en œuvre sous forme de dalles ou briques, a déjà été employé par plusieurs constructeurs.

D'autres sont également proposés.

L'emploi des agglomérés, pleins ou creux, a été préconisé au Congrès international de la Maçonnerie et du Béton armé de mai 1928, tant pour constituer les murs eux-mêmes, que pour être « utilisés comme élément de remplissage au cas où la construction comporte une ossature en fer ou ciment armé ».

Une récente proposition venue d'Amérique, vante l'emploi du Lakéolith. Le procédé consiste à établir à l'avance des panneaux moulés présentant des vides intérieurs importants, et à assembler ces panneaux dans les ossatures en fer ou béton armé dont ils servent d'éléments de remplissage.

Les vides intérieurs, en interposant une couche d'air entre l'intérieur et l'extérieur du bâtiment, assureraient une isolation parfaite.

Un très intéressant article de M. Hadrien, ingénieur, paru dans *Le constructeur en ciment armé* de septembre 1928, expose les qualités et usages possibles de ce nouveau matériau qui serait adopté officiellement par la Cité de New-York.

*   *
*

Tous ces matériaux cherchent à répondre aux besoins d'isolation et de protection contre l'incendie et les intempéries. Y sont-ils parvenus ? Nous laissons aux techniciens et aux événements le soin de répondre à cette question ; mais ce qu'il importe pour nous d'enregistrer, c'est la transformation profonde des procédés de construire.

« La guerre, et la crise qui l'a suivie, fait remarquer la publication suisse *l'Entreprise* sous la signature d'un « vieux maître maçon », ont augmenté la charge que constitue la nécessité de se loger. C'est pourquoi le modernisme dans l'art de bâtir devrait comporter avant tout la recherche de la plus grande économie et de la plus grande utilité...

« L'exécution des terrassements et de la maçonnerie, et surtout le développement du béton armé montrent qu'on n'est pas si imbu chez nos gens de métier d'un traditionnalisme routinier qui ne veut rien entendre... Certes, des méthodes nouvelles, de nouveaux matériaux peuvent éventuellement faire partie d'un effort de construction économique. Mais il faut constater que, sur des centaines de propositions, à peine quelques-unes ont donné des résultats dignes des vieilles données. Pourtant ne soyons pas pessimistes : ce qui n'est pas, peut encore venir. »

Ces réflexions, quelque peu pessimistes, constatent néanmoins l'existence de l'effort actuel ; la voie est ouverte. Le Congrès international de maçonnerie, réuni à Paris en mai 1928, a admis la constitution d'une commission internationale chargée d'examiner les procédés nouveaux de construction.

L'art de bâtir s'est modifié et se modifiera sans doute encore, accentuant la différence avec le passé. Nous sommes à l'âge du fer et du béton armé, et toutes les recherches actuelles paraissent circonscrites à la découverte de matériaux de compléments, eux seuls conservant la prédominance et restant le fondement de la construction.

Le mur séparatif, constitué avec ces matériaux nouveaux, réunira-t-il les qualités des anciens murs ?

Au point de vue technique, nous avons cité les avis de quelques auteurs, que le temps et l'usage infirmeront ou confirmeront.

Au point de vue juridique, le mur séparatif est à envisager du fait de la protection qu'il assure à chaque voisin contre les possibilités d'introduction dans son immeuble, d'une part, du fait de son usage actuel ou futur comme mur mitoyen, d'autre part.

La sécurité qu'assure la présence d'un gros mur semble, *a priori*, se trouver diminuée si une maçonnerie de 0 m. 50 fait place à une maçonnerie de 0 m. 20.

Remarquons, toutefois, qu'il n'est pas nécessaire aux immeubles, sauf exception, d'être constitués en chambres fortes.

Les particuliers ne conservent plus, en effet, leur

fortune chez eux et le développement des banques leur donne un lieu de dépôt particulièrement sûr.

Les risques de vol se trouvent par cela même diminués, mais il faut admettre qu'ils subsistent néanmoins et il ne semble pas que cette question ait, jusqu'à ce jour, retenu l'attention des techniciens.

Elle mériterait cependant d'être étudiée, tant au point de vue technique que juridique.

En second lieu, et c'est l'objet de notre étude, le mur séparatif pouvant être mitoyen dans les conditions fixées par les articles 653 et suivants du Code civil, l'usage du fer et du béton permet-il de satisfaire à cette charge légale ?

Rappelons tout d'abord, les principes de la mitoyenneté.

CHAPITRE II

LA MITOYENNETÉ

Evolution. But. Nature.

La mitoyenneté, envisagée sous sa forme obligatoire, apparaît au moyen âge.

Auparavant, les Romains l'ont également connue, mais simplement comme le résultat de conventions particulières, d'ailleurs assez rares, c'est-à-dire sous une forme contractuelle.

M. Deschamps, dans son ouvrage sur la cession forcée de la mitoyenneté, rappelle même un certain nombre de décisions impériales qui la prohibent, et qui, même, à la suite des incendies de Lyon et de Rome, imposent des distances obligatoires entre les habitations et entre les propriétés.

Chaque habitation est isolée de ses voisines; « elle est, dit Albisson dans son rapport au Tribunat, comme une île qu'un intervalle sépare du rivage prochain ». De là, le nom d' « insulae » qui leur fut donné. L'intervalle entre chaque propriété, dénommé « ambitus » par les lois romaines, est l'origine de notre tour d'échelle que certaines coutumes connurent jusqu'à la Révolution.

La mitoyenneté est donc d'origine coutumière.

Elle semble résulter de la tendance générale qu'ont eue les hommes à se grouper en agglomérations compactes, tant, suivant les époques, par les nécessités de la défense qu'en raison des avantages qu'ils retirent de cette concentration.

Le terrain des villes et villages ainsi créés, atteint une valeur supérieure à celui des campagnes et la nécessité apparaît d'en éviter le gaspillage en l'utilisant au maximum.

Dans les constructions, un même mur peut servir à deux voisins.

Le mur mitoyen, remplaçant deux murs privatifs accolés, permettra d'économiser la surface nécessaire à l'assiette de l'un d'eux. C'est alors qu'il entre dans les usages locaux.

Dès 1388 ou 1389, le Grand Coutumier de France déclare déjà « les murs sont moitoiens et parçon-« niers et les autres non, mais sont à certaine per-« sonne » (n° 2, chap. 3, p. 356 de l'édit Laboulay Dasesle).

Mais l'utilité du mur mitoyen est reconnue telle, qu'en certaines régions son usage devient, dès cette époque, obligatoire et que la cession forcée, telle que nous la connaissons, est expressément prévue par la coutume locale. C'est ainsi que *l'Usage, coustume et commune observance de la Ville de Paris* s'exprime en ces termes :

« Si aucun veult faire quelque édifice... joignant sans moyen au mur de la maison d'aucune aultre personne qui n'est pas moytoien, il peut faire adjourner icelle personne et requérir qu'elle soit condamnée et contrainte à lui vendre la moitié d'iceluy mur et à lui délaisser par juste prix. Le juge envoira les maçons jurés et en payant la moitié du prix total, il aura la moitié dudit mur. »

La mitoyenneté est alors née.

Lors de la rédaction des Coutumes, plusieurs d'entre elles, notamment celles de Paris et d'Orléans, ne manquent pas de la prévoir sous cette même forme obligatoire.

Puis, son domaine continue à s'étendre ; les pays de coutumes qui ne la connaissent pas comme disposition légale, font appel à la coutume de Paris pour se compléter sur ce point. L'influence de cette dernière se fait sentir jusque dans les pays de droit écrit.

C'est de cette évolution que sont issues les dispositions du Code civil.

Berlier, dans l'exposé des motifs de ce chapitre, rappelle l'absence à peu près complète de dispositions sur la matière dans le droit romain, et il ajoute :

« Les nombreuses dispositions de nos coutumes sur le mur mitoyen, nées de nos besoins et de la forme même de nos habitations nous offraient un guide plus sûr et plus adapté à notre situation.

« Le projet les a donc suivies et les a puisées dans la coutume de Paris, avec laquelle la plupart des autres s'accordent et qui même est devenue, en plusieurs points, la base de la jurisprudence des pays de droit écrit. »

Le législateur du Code civil a donc puisé purement et simplement dans l'ensemble des coutumes,
notamment dans la coutume de Paris, cherchant à
éluder les légères divergences de détail entre chacune d'elles, sans aucune tendance à innover.

« Ce sont toutes les règles déjà usitées, déclare le tribun
Albisson, qu'on a retracées avec quelques légères modifications favorables à l'uniformité, sans pousser néanmoins
cette faveur au delà des justes bornes ; car, le véritable but
de toutes les lois sages, c'est l'utilité ; et les auteurs du projet ont su la respecter, lorsqu'ils l'ont perçue comme nous
l'avons annoncé plus haut, dans la diversité des coutumes
locales. »

Le lien entre notre législation de 1804, les anciennes coutumes et les usages du Moyen Age,
apparaît ainsi nettement.

* * *

Dans quelle mesure la mitoyenneté obligatoire se
justifie-t-elle ?

Deux voisins estiment avantageux pour chacun
d'élever et entretenir, à frais communs, un seul
mur séparatif au lieu de deux murs accolés.

Le mur mitoyen résulte alors d'une convention ;
chaque voisin exerce son droit de propriété librement, à sa seule volonté, suivant son intérêt, dont
il est le meilleur juge : c'est la conception du droit
romain, appliquée dans certaines régions de France
en dehors des pays de coutumes ; il s'ensuit notam-

ment, que le premier constructeur ne peut être tenu de céder au voisin la mitoyenneté de son mur, qu'il reste libre de construire à sa convenance.

« Dans une partie de la République, dit Berlier, la mitoyenneté ne s'acquerrait et ne s'acquiert encore aujourd'hui, que par le concours de deux volontés ; il ne suffit pas que l'une des parties veuille acquérir, il faut que l'autre y consente, c'est un contrat ordinaire.... »

Les coutumes, au contraire, considèrent que les propriétaires voisins tirent de tels avantages de la mitoyenneté (économie de surface, partage des frais d'entretien, etc...) qu'ils méconnaissent leur intérêt en ne la pratiquant pas. L'application du droit romain risque de conduire à cette abstention, préjudiciable pour eux ; leur en imposer l'obligation est un bienfait : rien ne peut **motiver** leur refus de souscrire à cette charge de propriété, sinon leur mauvaise humeur ou la perspective d'un préjudice qu'ils causeront au voisin en le mettant dans la nécessité de construire un mur inutile. Il appartient au législateur de mettre obstacle à tout ce qui peut constituer entrave aux rapports de bon voisinage, et, également, de travailler pour le bien-être de chacun, au besoin contre sa volonté. La coutume obligera donc celui qui construit le premier à la limite des propriétés, à céder la mitoyenneté de son mur au voisin ; pour éviter toutes difficultés futures, elle déterminera les conditions d'utilisation de ce mur ; ce faisant, elle satisfera l'intérêt bien compris des propriétaires.

C'est la conception de Pothier dans son appendice au *Traité de voisinage* (édition Bugnet, IV. p. 334) C'est également celle qui a prévalu.

La faculté laissée par l'article 661 du Code civil, d'acquérir la mitoyenneté d'un mur, même malgré l'opposition de son propriétaire, est considérée, dit Berlier,

« comme la seule propre à prévenir des refus dictés par l'humeur ou le caprice, souvent contre l'intérêt même de celui à qui la mitoyenneté est demandée et toujours contre les devoirs de bon voisinage. Ainsi, la mitoyenneté des murs est justement classée parmi les servitudes légales. »

Les motifs qui militent en sa faveur, montrent qu'il n'y a pas lieu de distinguer entre les villes et les campagnes (dans le même sens, Pardessus, I, n° 159).

Cette cession forcée constitue une atteinte formelle au libre exercice du droit de propriété, tel qu'il résulte de l'article 544.

Le seul intérêt des voisins serait-il suffisant pour le justifier ?

Desgodets, dans ses *Lois des Bâtiments* (p. 152), précise à ce sujet, que « ce qui semble être con-« traire au droit naturel et à l'équité, est néan-« moins pour l'utilité commune, et pour la déco-« ration des villes et des édifices ».

Ici apparaît un nouvel argument invoqué en faveur de la nécessité du mur mitoyen.

Les particuliers sont intéressés à faire économie
de leur terrain. L'intérêt général n'est-il pas d'in-
citer également à cette économie, d'éviter que par
un mauvais usage de leurs droits, ils perdent, sans
motif, une surface qui pourrait être mieux employée
qu'en construction de murs inutiles. L'intérêt général apparaît ici en concordance avec l'intérêt particulier bien compris des propriétaires, et si l'un
d'eux, méconnaissant les heureux résultats de la
mitoyenneté, veut s'opposer à en faire bénéficier son
voisin, l'intérêt général commande qu'il soit passé
outre à sa volonté.

« Il est permis de dire, à certains égards, écrit Demolombe, qu'il s'agit ici d'une sorte d'expropriation pour
cause d'utilité publique.

(Dans le même sens, Baudry-Lacantinerie, 949).

Si, débordant le cadre de l'intérêt privé, la mitoyenneté peut ainsi être considérée d'utilité publique, la question se pose de savoir si elle ne
constitue pas, comme le droit de propriété lui-
même, auquel elle apporte une dérogation, un principe d'ordre public. Nous y reviendrons plus loin ;
dès à présent, examinons-en brièvement la nature.

* * *

Berlier, dans son exposé des motifs, dit qu'elle
constitue une servitude légale.
Cette définition est en partie exacte. La loi

oblige, en effet, le propriétaire du mur séparatif à en céder la mitoyenneté à première réquisition de son voisin, lequel, d'ailleurs, jouit à cet effet d'un droit imprescriptible.

L'éventualité de cette cession, à laquelle il ne peut se soustraire, astreint le constructeur à édifier le mur de telle manière, qu'aucun obstacle ne soit apporté à son utilisation et, *à fortiori*, à son acquisition par le voisin. S'il crée cet obstacle, il commet une faute dont il supportera seul les conséquences, en remettant le mur en état, à ses risques et périls.

Ainsi envisagée, la mitoyenneté peut être considérée comme une servitude.

Mais une fois l'acquisition réalisée, comme aussi au cas où les deux voisins ont à frais communs édifié un mur mitoyen, les obligations imposées par la loi à chaque propriétaire sont-elles la manifestation d'une servitude ?

Deux murs ont été fondus en un seul capable de supporter les deux bâtiments ; le « moi et toi » dit Coquille, sur l'article 214 de la Coutume du Nivernais. Chaque propriétaire entend l'utiliser comme s'il lui était privatif, se considérant comme seul propriétaire. La loi intervient pour établir une sorte de règlement de co-propriété qui déterminera les droits respectifs des voisins et évitera les dissentiments que suscitent souvent les indivisions ; elle réglemente l'exercice des droits indivis de chacun.

Les voisins sont copropriétaires d'une masse commune constituée par le mur qui est impartageable. Ainsi que le fait remarquer Demolombe (*Des servitudes et services fonciers*, L. II, t. IV, chap. II, n° 310) :

« Partager ne serait que détruire. C'est que la chose ne peut rendre les services qu'elle est destinée à rendre, qu'autant qu'elle demeurera indivise et qu'en conséquence, la copropriété de la chose commune se trouve ici compliquée d'une servitude réciproque au profit de l'un des communistes sur la portion indivise de l'autre, circonstance qui crée cet état de communauté forcée, cette servitude d'indivision... »

Sur cette même idée de chose commune, Pothier disait :

« On peut supposer que selon la subtilité, un mur construit sur les extrémités de deux héritages, n'est pas proprement commun ; car on appelle une chose commune celle qui, non seulement dans la totalité, mais dans chacune de toute ses parties, appartient à deux ou plusieurs personnes pour la part de chacun y a : or, selon la subtilité, il semble qu'on ne puisse pas dire cela d'un mur mitoyen ; ce mur étant construit dans une partie de son épaisseur sur l'extrémité du terrain de l'un des voisins, et étant quant à chacune des dites parties un accessoire du terrain sur lequel il est construit suivant la maxime « œdificium solo cedit » ; ce mur, dans la partie de son épaisseur qui est construite sur le terrain de l'un des voisins, paraît, selon la subtilité, devoir appartenir entièrement à ce voisin, et appartenir dans l'autre partie de son épaisseur entièrement à l'autre selon la maxime « accessorium sequitur ac dominium rei principalis ». Néanmoins, comme ces deux parties de mur mitoyen sont inséparables et ne forment ensemble qu'un même individu, le mur est censé une chose commune entre les deux voisins. » (Du contrat de Société. De la communauté des murs mitoyens n° 199.)

Dans le même sens, Desgodets (*Lois des bâtiments.*

Sur l'article 200 de la Coutume, n° 19) T. C. Chambery, 11 janvier 1909. D. P. 1910.2.108 ; Masselin, *Nouvelle jurisprudence sur les murs mitoyens*, ch. 22, n° 393.

Le Conseil général des bâtiments civils constatant l'incertitude qui se produit fréquemment sur ce caractère du mur mitoyen a proposé, par l'organe de son rapporteur, M. Guadet, lors du projet de révision du Code civil en 1905, de compléter l'article 653 du Code civil, par cet additif qui aurait été placé en tête de l'article :

« Le mur mitoyen est la propriété commune et indivise des deux voisins qu'il sépare. Il est élevé par moitié sur les deux héritages. Il peut être mitoyen dans sa totalité, ou seulement par parties. »

L'impossibilité d'effectuer une séparation matérielle du mur entre les deux voisins, et son utilisation par eux comme s'il était privatif à chacun, sauf les limites nécessaires au respect de leurs droits réciproques, font donc de la mitoyenneté une communauté avec indivision forcée, réglementée par la loi quant à l'usage de la chose commune. (T. C. Marseille, 22 mars 1904. D. P. 1906.2.381).

Ainsi donc, la mitoyenneté est, suivant le point de vue auquel on l'envisage, ou une servitude, ou une copropriété.

L'étendue des droits et obligations de chaque communiste, résulte de l'application de ce principe dont nous allons examiner maintenant l'influence sur la construction et l'utilisation du mur mitoyen.

CHAPITRE III

LA CONSTRUCTION MODERNE
ET LA MITOYENNETÉ.

Objet sur lequel porte la mitoyenneté

Les Coutumes, dans leurs dispositions sur la mitoyenneté, précisent qu'elle s'exerce sur un mur.

Par exemple :

« En *mur* commun, chacun peut le percer tout outre (coutume de Nantes). »

Les voisins personniers du *mur* mitoyen peuvent le percer tout outre.. (coutume de Lorraine, titre 54 art. 7).

Celui qui se rendra un *mur* commum... (coutume de Blois art. 132).

Voir aussi article 194 et suivants de la coutume de Paris.

Le Code Civil use également du même terme ; il faut donc en conclure que, seul, un mur est susceptible de mitoyenneté, et qu'aucun autre ouvrage ne doit, ni ne peut y être assujetti.

La question se pose alors de savoir ce qu'il faut entendre par mur ?

C'est, d'après la cour de Rennes, tout ouvrage en maçonnerie, d'épaisseur variable, formé de matériaux superposés et liés avec du mortier de chaux, de plâtre ou ciment. »

« Considérant, ajoute l'arrêt, que si la faculté d'acquérir la mitoyenneté ne s'applique qu'aux murs proprement
dits, et ne peut être étendue à certains genres de clôtures,
elle s'applique à toute espèce de murs et même à ceux
qui, à raison de leur faible épaisseur ou de la nature
des matériaux de construction, ne pourraient supporter
les ouvrages indiqués dans les articles 657 et 662 du Code
civil ;

« Que ce n'est, non pas à ces textes, mais à l'article 653
qu'il faut se référer pour savoir quelle est l'application de
l'article 661.

Que l'article 653 contient l'expression « tout mur » et
qu'il n'y a pas lieu de créer arbitrairement des distinctions,
que le législateur lui-même n'a pas faites... (Rennes, 29 février 1904. D. P. 1904.2.326.)

Dans le même sens (Caen, 31 janvier 1877. D. P. 77.2.91).

L'expression « mur » doit donc, suivant l'arrêt rapporté, être envisagée dans le sens de tout ouvrage
répondant à la définition qu'il donne, indépendamment de son aptitude à recevoir une utilisation quelconque.

Remarquons que la Cour fait ici une distinction
entre les deux caractères que nous avons reconnus
à la mitoyenneté : servitude et copropriété.

L'exercice des droits de copropriété, tel qu'il est
prévu par les articles 657 et 662, nécessite la réunion
dans le mur, d'un certain nombre de qualités, mais
ces qualités ne sont pas indispensables pour que la
servitude d'acquisition puisse s'exercer. Si, après
acquisition, il faut le démolir, soit en raison de sa
faible épaisseur, de son insuffisance, soit pour toute
autre cause, cette démolition ne sera qu'une consé-

quence de la copropriété à laquelle, en tant que mur mitoyen, il est soumis.

Reprenons la définition de la Cour de Rennes.

« Le mur, dit-elle, est un ouvrage composé de matériaux superposés et liés par un mortier. »

Il nous paraît que cette définition doive être largement interprétée.

L'article 653 auquel nous nous reportons pour connaître la pensée des auteurs de la loi, envisage « tout mur » séparatif entre bâtiments. Or, un mur quelconque séparatif, peut fort bien n'avoir pas l'entière consistance et l'unité qu'exige l'arrêt pour concéder la qualité de mur.

Il paraît, en effet, envisager un ouvrage formant bloc unique et homogène. Cependant, il était fréquent, à l'époque de la rédaction des coutumes, et il arrive encore maintenant, que des bâtiments soient séparés par des pans de bois, par exemple, qui leur servent de soutien.

Dirons-nous que, pour la mise en œuvre des principes de la mitoyenneté, le pan de bois n'est pas un mur au sens général du mot, parce qu'il existe une solution de continuité entre les différents matériaux qui le constituent ? Nous ne le pensons pas.

Desgodets, dans ses *Lois des bâtiments* (sur l'art. 194 de la coutume, n° 32, et sur art. 195) repousse sans doute ce mode de construction, mais il traite le pan de bois comme un mauvais mur de maçonnerie dont la démolition peut être exigée par un des voisins, la reconstruction devant être effectuée à frais communs. (Dans le même sens, Goupy, note AA sous Desgodets, article 194, n° 32 ; Lepage, t. I.,p. 73.)

Tout en admettant la possibilité de sa mitoyenneté, il ne lui attribue jamais cependant la qualité de mur qu'il paraît vouloir réserver à l'ouvrage de maçonnerie pure et simple ; loin de les confondre, il les oppose. Pourtant, par assimilation, il les soumet tous deux aux règles de la mitoyenneté.

Cette extension est certainement conforme à l'idée générale de la loi dont l'application a été envisagée largement par le législateur.

Masselin (*Nouvelle jurisprudence sur les murs mitoyens*, n°ˢ 101 et suivants) partage cette opinion, et considère même, le pan de bois comme un mur pur et simple ; c'est ainsi qu'il laisse au co-propriétaire qui veut démolir, l'obligation de reconstruire le nouveau mur à ses frais exclusifs si le pan de bois est suffisant pour le voisin, alors que Desgodets, le considérant *a priori* comme un mauvais mur, exigeait la reconstruction à frais communs.

Nous aurons plus loin l'occasion de revenir sur la question.

Le Conseil général des Bâtiments Civils, dans son rapport sur le projet de revision du Code civil, déclare que des pans de bois ou de fer sont susceptibles de mitoyenneté ; seulement, pour des raisons techniques, il désirerait en voir l'usage interdit par la loi.

Il semble donc que l'expression mur et la définition donnée par la Cour de Rennes doivent, en
tant qu'elles déterminent l'ouvrage pouvant être
l'objet de la mitoyenneté, être considérées dans
l'acception la plus large pour répondre au but de la
loi.

Par ailleurs, cette conception n'est pas en opposition avec les termes mêmes de l'arrêt ci-dessus
rapporté. Celui-ci qualifie « mur », un ouvrage
composé de matériaux superposés et liés les uns aux
autres, quelles que soient la nature et l'épaisseur de
ces matériaux : il laisse ainsi une grande latitude
d'appréciation.

L'encastrement d'un ouvrage dans un mur ainsi
défini, utilisa-t-il toute son épaisseur, ne saurait lui
retirer sa dénomination.

Si les encastrements se multiplient, pourrait-on
soutenir qu'il a perdu sa qualité de mur ? Ce serait
innover sur la loi, et créer une délimitation arbi-
traire que les termes généraux de l'article 653 ne
permettent pas.

Les pans de bois, de fer, ou de béton, sont en
réalité constitués par un assemblage de maçonnerie
et d'un autre matériau, encore que le béton, constitue lui-même une maçonnerie.

Peu importe le rôle joué par chaque élément, remplissage ou soutien ; cette distinction, intéressante
peut-être pour l'exercice des droits que conférera
la copropriété, n'est, nous l'avons vu, d'aucune utilité pour l'exercice de la servitude.

Ainsi donc, en notre matière, ces pans peuvent être considérés comme des murs de maçonnerie, dans lesquels un matériau étranger se trouve incorporé. Comme tels, il sont soumis aux règles de la mitoyenneté.

* *

Nous avons signalé plus haut, les tendances générales de la construction moderne, ses avantages réels ou présumés.

Examinons maintenant, si les nouveaux matériaux qu'elle emploie répondent encore, comme les anciens, aux obligations qui résultent pour les propriétaires voisins de notre charge légale.

Une première partie étudiera différentes questions soulevées par la construction de murs séparatifs.

Une deuxième aura pour objet l'exhaussement, et dans une troisième partie, nous verrons les difficultés que peuvent susciter les enfoncements en mur mitoyen.

Enfin une quatrième partie examinera le cas du pan mitoyen.

PREMIÈRE PARTIE

QUELQUES QUESTIONS SOULEVÉES
PAR LE MODE
DE CONSTRUCTION DES MURS SÉPARATIFS

———

I. —Construction d'un pan de béton ou de fer à la ligne séparative.
— Cession de la mitoyenneté. — Surélévation. — Construction en retrait.
II. — Construction d'un pan de béton ou de fer contre un mur
déjà existant à la ligne séparative. — Possibilité. — Le mur
existant est mitoyen. — Le mur existant n'est pas mitoyen.

L'utilisation croissante des pans de béton ou de
fer pose la question de savoir dans quelle mesure
ceux-ci sont compatibles avec les règles de la
mitoyenneté.

Nous supposerons donc qu'un propriétaire édifie
un immeuble en béton armé ou en fer, dont les murs
extérieurs, et notamment séparatifs d'avec le voisin, sont constitués par ces pans.

Deux cas sont tout d'abord à envisager, suivant
qu'il se trouve ou non en présence à la ligne séparative de sa propriété et de celle du voisin, d'un
bâtiment, ou plus simplement d'un mur appartenant
à ce dernier.

I

Le propriétaire du pan de béton ou de fer construit avant son voisin à la ligne séparative des propriétés. Cession de la mitoyenneté.

Les poutres et poteaux qui constituent la partie essentielle du mur, font partie de l'ossature générale de l'immeuble édifié. Leur section, composition, importance, ont été calculées ou établies en vue du rôle de soutien et de liaison qu'ils ont à assumer.

Le voisin pourra-t-il user de la faculté que lui donne l'article 661, d'en acquérir la mitoyenneté ?

Cet article est en effet ainsi conçu :

« Tout propriétaire joignant au mur, a de même la faculté de le rendre mitoyen en tout ou partie, en remboursant au maître du mur la moitié de sa valeur, ou la moitié de la valeur de la portion qu'il veut rendre mitoyenne, et moitié de la valeur du sol sur lequel le mur est bâti. »

Seule, l'existence d'un ouvrage autre qu'un mur, pourrait faire obstacle à cette faculté.

Nous avons reconnu plus haut, qu'en notre matière, le pan de béton ou de fer doit être considéré comme un mur.

Le voisin aura donc, à toute époque, la faculté d'en acquérir la mitoyenneté.

Remarquons que cette acquisition peut être effectuée, non seulement en vue d'appuyer une construction, mais aussi, par exemple, pour l'appui d'espaliers, papiers de décors, etc..., toutes choses qui
seraient interdites à un voisin d'un mur non
mitoyen, (Caen, 31 janvier 1877. D. P. 77.2.91 ;
(Fremy, Ligneville et Perriquet, *Traité de la législation des batiments et constructions*, n° 514 ; Pothier,
Traité de la Société, n° 218. Coutume de Paris,
art. 199). Egalement l'emploi comme mur de fond de
bâtiment alors même qu'il n'y aurait aucun enfoncement ni appui (Paris, 4 février 1870 ; Masselin,
Nouvelle Jurisprudence sur les murs mitoyens,
chap. 3, n° 79).

L'acquéreur n'a d'ailleurs pas à motiver son acte,
ni indiquer l'usage futur qu'il désire faire du mur.
La loi lui accorde le droit, pur, simple et imprescriptible (art. 2232) d'en devenir co-propriétaire, au
moment qui lui convient, sans le limiter par aucune
condition ; si, pour une raison quelconque il veut
user de cette faculté, ne serait-ce que pour faire
boucher les jours de souffrance que son voisin a
ouverts, rien ne peut faire obstacle à sa volonté.
(Arrêt du 12 juillet 1670, cité par Goupy, annotateur
de Desgodets, *Lois des Bâtiments* sur article 200 de
la coutume, n° 19, note F ; Cass. civile, 1er décembre 1813.S.1814.1.95 ; Cass. civile, 5 décembre
1814.S.1815.1.49 ; Toulouse, 28 décembre 1832.
Dev. 1833.11.632 ; Civ., 3 janvier 1850.D.P.50.1.
185 ; Bordeaux, 31 mai 1882, sous Civ., 26 nov.

1884.D.P.86.1.79 ; Pothier, *Contrat de Société*, n° 248 ; Fremy-Ligneville et Perriquet, *Traité de la législation des bâtiments et constructions,* n° 566).

De son côté, le vendeur ne peut, en aucun cas, refuser la cession, eût-elle pour conséquence de rendre le mur inutilisable pour lui (Aubry et Rau, § 222, p. 433 ; Demolombe, VI, n° 360 ; Baudry-Lacantinerie, p. 680, n° 951).

La question se pose alors, de savoir dans quelle mesure le pan sera susceptible d'être utilisé par l'acquéreur. Celui-ci ayant usé de la servitude, pourra-t-il exercer sans restriction son droit de copropriété ?

Sans doute s'il ne recherche qu'une clôture ou un appui d'espaliers ou encore un mur de fonds à son bâtiment, le mur ainsi acquis conviendra-t-il ; il n'en sera pas de même s'il désire y appuyer des constructions. Le pan de béton, que nous prendrons pour exemple, a été en effet édifié en tenant compte de la charge et des efforts qu'il aurait à supporter du fait de l'immeuble dont il constitue partie de l'ossature.

L'acquéreur ne pourra, sans risque de porter atteinte à la stabilité de l'ensemble, entailler ou entamer la masse du béton, non plus que les armatures, ni apporter au mur une surcharge à laquelle il n'est pas préparé. Le monolithisme de l'immeuble qui résulte de l'emploi de ce matériau rend le mur intangible.

En présence du fer, la situation est encore plus

nette : sa nature même interdit tout enfoncement ou entaille quelconque.

De son côté, la maçonnerie du mur ne peut être d'aucune utilité. Elle constitue un élément de remplissage incapable de supporter par lui-même une charge quelconque.

Le pan de béton ainsi acquis se trouve donc inutilisable pour soutenir une construction.

Cependant, l'article 657 donne sans aucune restriction au copropriétaire, «le droit de faire bâtir « contre un mur mitoyen et d'y faire placer des pou- « tres ou solives dans toute l'épaisseur du mur à 54 « mm. près... ».

Le pan fait donc obstacle à l'exercice de ce droit, et se trouve ainsi en opposition avec les principes fondamentaux de la mitoyenneté.

La loi, qui cherche la fusion de deux murs contigus en un seul, entend que les deux propriétaires puissent tirer de ce mur commun le même profit qu'ils eussent trouvé dans deux murs privatifs, notamment pour l'appui de leur construction (Pothier, *Contrat de Société*, n° 207 ; Demolombe, *Traité des Servitudes et Services Fonciers*, n° 397).

Pour les mêmes motifs, l'acquéreur ne pourra également faire application du droit que lui reconnaît l'article 662, de pratiquer des enfoncements en tout point du mur.

La démolition s'impose donc, mais qui en supportera les frais ?

Desgodets, en présence d'un pan de bois, le jugeant inapte à remplir l'office de mur mitoyen, exigeait sa démolition et reconstruction à frais communs.

« Si celui qui veut bâtir n'avait pas cette faculté, dit Goupy, il se trouverait extrêmement gêné dans sa manière de bâtir en ne pouvant adosser de cheminée contre ce pan de bois en raison des risques d'incendie. »

Ainsi donc, c'est parce que le pan de bois ne peut servir de pare-feu, comme il conviendrait à un mur mitoyen, qu'il doit être considéré comme mauvais et reconstruit à frais communs. Lepage le considère également comme un mauvais mur.

Masselin, au contraire, l'assimile à un mur ordinaire. Il dit :

« Si le mur neuf doit remplacer un vieux pan de bois suf-fisant pour l'un des voisins, le propriétaire reconstructeur a le droit d'établir un mur réglementaire suivant ce qui est expliqué au paragraphe qui suit ; mais alors, l'excédent d'épaisseur doit être pris du côté du voisin qui requiert la démolition ». *Nouvelle jurisprudence sur les murs mitoyens*, chap. V, n° 101 ; également chap. 22, n° 393).

Il applique ainsi au pan de bois les articles 655 et 659 C. C., tels qu'ils sont interprétés par la jurisprudence.

Celle-ci, en effet, décide que la réparation et la reconstruction du mur mitoyen ne sont à la charge des deux voisins que si elles sont nécessaires à chacun d'eux ; si, au contraire, elles ne sont effectuées que dans l'intérêt exclusif d'un copropriétaire, le mur étant actuellement suffisant pour l'autre, il doit seul en supporter les frais (Cass. civ., 19 mars 1872. D. P. 72.1.106 ; Paris, 8 août 1873. Paris, 26 mars 1895. D. P. 95.2.239).

Tel semblerait être, *a priori*, le cas de nos pans, certainement suffisants pour le propriétaire actuel, mais incapables d'être utilisés par l'acquéreur.

L'opinion de Masselin conduirait donc à faire supporter au deuxième constructeur, les frais de démolition et ceux de reconstruction du mur nouveau.

Cependant, elle ne nous paraît pas devoir s'appliquer au cas qui nous intéresse, non plus que celle de Desgodets et Lepage.

Remarquons que si la loi ne fait pas une obligation au premier constructeur d'édifier son mur dans des conditions telles qu'il soit susceptible de supporter l'immeuble éventuel du voisin, elle lui impose de ne rien faire qui puisse entraver le droit de ce dernier, de l'aménager ou de le reconstruire pour le rendre susceptible de servir d'appui aux deux bâtiments.

Le fait même de l'acquisition doit conférer au voisin des droits égaux à ceux de l'ancien propriétaire.

En conséquence, tout fait de propriété exclusive qui ferait obstacle à cette égalité absolue est incompatible avec l'idée même de la mitoyenneté. Etant contraire à la loi, il doit disparaître.

Le pan de béton ou de fer, qui interdit tout enfoncement ou surcharge, entre dans cette catégorie.

Par ailleurs, il existe entre le mur insuffisant et le pan, une différence fondamentale.

Dans le premier cas, l'incapacité de recevoir une surcharge ou un appui quelconque, tient à un défaut de résistance, consécutif à une insuffisance d'épaisseur ou à la vétusté.

Dans le second cas, au contraire, cette incapacité est inhérente à la nature même du mur. Eut-il une capacité de résistance suffisante pour recevoir une surcharge ou des efforts équivalents à ceux qu'apporterait l'immeuble du voisin, il sera incapable de les supporter en raison de la nature des matériaux qui le composent.

Le fer ou le béton armé qui constitue ses organes de soutien, interdisent tous enfoncements ou entailles.

Enfin, on pourrait ajouter, que le pan de béton ou de fer est incompatible, non seulement avec les principes, mais avec l'idée même de la mitoyenneté.

Le législateur a conçu le mur mitoyen, comme un ouvrage ayant son existence propre, son individualité, son indépendance, et sur lequel, de chaque côté, viennent prendre appui les immeubles qu'il sépare.

C'est ainsi qu'on peut envisager aisément la démolition et reconstruction des immeubles voisins, sans qu'il soit en quoi que ce soit porté atteinte au mur séparatif.

Le pan de béton, au contraire, est destiné dès

son origine à être utilisé comme mur privatif ; il sert d'appui, de soutien, de liaison, dans l'immeuble dont il fait partie, et son utilité, par son principe même, ne se conçoit pas comme mur mitoyen.

En le créant, son propriétaire n'a jamais eu l'intention de le rendre tel. L'ossature de l'immeuble forme un ensemble qui se termine à la ligne séparative. Il a bouché les vides pour le clôturer, dans les mêmes conditions qu'il aurait créé des cloisonnements intérieurs. Le mur ainsi édifié est une partie de l'immeuble, et non un ouvrage indépendant, sur lequel celui-ci vient prendre appui.

Ce ne sont donc pas des ouvrages encastrés dans le mur qui font ici obstacle à l'exercice de la mitoyenneté, mais le mur lui même.

La question qui se pose n'est pas la suppression ou la conservation d'ouvrages qui résultent de l'usage privatif d'un mur capable, en lui-même, de supporter la charge de la mitoyenneté, question que nous examinerons plus loin, mais la suppression ou la conservation d'un mur qui, initialement, a été conçu et édifié dans l'intérêt exclusif de son propriétaire, et de telle manière que son incapacité à satisfaire à cette charge légale ne peut être mise en doute.

La contexture du pan de béton ou de fer est en opposition avec l'idée même d'une copropriété éventuelle. Son édification constitue une méconnaissance absolue des principes de la mitoyenneté qu'il appartenait au constructeur de respecter ; celui-ci a ainsi commis une faute ; il devra en supporter les conséquences.

Le voisin pourra donc, avant toute acquisition, exiger la démolition de cet ouvrage qui ne peut en aucune façon satisfaire à ses droits, et exiger la reconstruction d'un mur, suivant les règles de l'art.

Desgodets et Lepage admettaient, avons-nous dit, en ce qui concerne le pan de bois, que, constituant un mauvais mur, il devait être démoli et reconstruit à frais communs.

Il ne nous paraît pas qu'il en soit de même quant au pan de béton ou de fer.

Ceux-ci ne sont pas de mauvais murs, mais des ouvrages incompatibles avec la mitoyenneté et résultant d'une faute du constructeur.

La remise en état du mur mitoyen ne constitue alors qu'une satisfaction donnée à une obligation légale à laquelle il a été précédemment contrevenu.

La dépense qui en résulte ne saurait donc être supportée par un autre que l'auteur de l'infraction, c'est-à-dire par le premier constructeur.

Tel paraît être également l'avis de la doctrine et de la jurisprudence que nous aurons l'occasion d'examiner plus loin.

Si les auteurs et arrêts ont été en effet partagés sur la question de rétroactivité ou non rétroactivité de l'acquisition pour maintenir ou supprimer les ouvrages encastrés dans un mur avant cette acquisition, ils s'accordent à reconnaître la nécessité de faire supprimer par leur auteur, les ouvrages incompatibles avec l'idée même de la mitoyenneté.

La Cour de cassation, le 7 janvier 1845. D. P. 45.1.81, s'exprime notamment ainsi, dans un arrêt, qui cependant s'oppose à la rétroactivité de la cession de mitoyenneté.

« Attendu en ce qui concerne les dommages-intérêts…qu'à cet égard la disposition de l'arrêt attaqué peut se justifier par la distinction qu'il convient de faire entre les ouvrages qui, pratiqués dans le mur mitoyen, sont nuisibles au droit du voisin sur le mur, et ceux qui, sans avoir ce caractère, deviennent seulement une cause d'incommodité ; *que si dans le premier cas, la suppression des ouvrages peut être ordonnée*, dans le second, il suffit que des dommages-intérêts soient accordés en réparation du préjudice causé. »

De même Bourges : le 19 février 1872. D. P. 72.11. 123.

« Que l'absence de contradiction doit donc, dans ce cas, comme pour le régime de l'article 662, avoir pour résultats de rendre les ouvrages du constructeur définitifs, à moins que par leur nature et leurs conséquences, *ils ne soient incompatibles avec le caractère même de la mitoyenneté* ;

« Que c'est ainsi qu'il a été très sagement décidé que des jours, des gouttières qui opposaient un obstacle absolu à l'exécution des droits et des devoirs de la mitoyenneté, devaient être supprimés ;

« Qu'on ne peut ranger dans la catégorie des ouvrages ainsi interdits des dispositions intérieures, notamment des enfoncements permis par l'article 662.

« Que sans doute il se peut qu'elles obligent le voisin à modifier l'agencement de ses propres dispositions et qu'elles gênent un peu l'usage qu'il entend faire de la chose mitoyenne, mais qu'elles n'atteignent pas le droit lui-même et n'en interdisent aucunement l'exercice, l'entrave apportée à l'usage de la chose n'étant pas plus, en cette occasion, incompatible avec le droit de mitoyenneté qu'une servitude n'est elle-même incompatible avec le droit de propriété... »

Ainsi donc, ces arrêts, qui admettent encore la possibilité pour le propriétaire de conserver dans le mur, après acquisition du voisin, des ouvrages constituant une gêne pour ce dernier, reconnaissent en termes non équivoques à ce voisin, le droit d'exiger la suppression de ceux incompatibles avec la mitoyenneté.

Dans le même sens, Desgodets, Lepage, ci-dessus cités.

C'est ce caractère d'incompatibilité que nous reconnaissons au pan de béton ou de fer.

Certains constructeurs ont pensé éviter ces difficultés, en incorporant l'ossature dans un mur en maçonnerie ordinaire.

Ils bénéficieraient ainsi des avantages du béton armé en assurant le monolithisme de leur construction et respecteraient par ailleurs, les règles de la mitoyenneté, le surplus du mur étant, disent-ils, capable de se suffire à lui-même et de supporter éventuellement une construction du voisin.

Nous y reviendrons au sujet des enfoncements.

Signalons ici une autre difficulté soulevée par les pans de béton ou de fer.

Sauf quelques opinions contraires, la grande majorité des auteurs et la jurisprudence conviennent que la mitoyenneté, bien que conçue dans un but d'intérêt général, en même temps que d'intérêt particulier, n'est pas d'ordre public et peut, en conséquence, faire l'objet de conventions dérogatoires aux textes.

On peut donc supposer que le voisin renonce à son droit d'exiger la démolition du pan et en acquiert la mitoyenneté.

Par exemple, il édifie, sur son terrain, un immeuble, également en béton armé, dont il accole l'ossature au mur séparatif qui lui sert de clôture et tient l'office de remplissage.

Dans une certaine mesure, il peut ainsi l'utiliser.

Sur quelles bases s'effectuera l'acquisition de la mitoyenneté ?

Le mur ainsi rendu mitoyen pourra-t-il être surélevé à la volonté de chacun des voisins ?

A. — Bases d'acquisition de la mitoyenneté du pan de béton.

L'acquéreur devient copropriétaire d'un mur dont l'usage ne lui sera permis que dans des limites restreintes. Il ne peut y pratiquer aucun enfoncement, n'y appuyer aucune construction ; le principal avantage qu'il retirera de cette acquisition, résidera dans la possibilité d'utiliser la surface du terrain correspondant à l'épaisseur du remplissage qu'il évite.

Par contre, l'autre copropriétaire conserve tous

R. Delage 4

les avantages d'un mur privatif ajoutés à ceux qui résultent normalement pour lui de la mitoyenneté, tel notamment l'entretien à frais communs.

Les deux voisins jouiront donc très inégalement du mur.

Cette inégalité se répercutera-t-elle sur le prix d'acquisition ? Comment sera-t-il évalué ?

L'article 661 du Code civil prescrit que tout propriétaire joignant un mur peut se le rendre mitoyen, en tout ou partie,

« en remboursant au maître du mur la moitié de sa valeur, ou la moitié de la valeur de la portion qu'il veut rendre mitoyenne, et moitié de la valeur du sol sur lequel le mur est bâti ».

Nous n'entrerons pas dans la controverse qu s'est élevée sur le sens du mot « valeur », à savoir s'il fallait considérer, pour la détermination du prix, le coût réel de la construction du mur lors de son édification ou sa valeur vénale lors de l'acquisition.

Cette dernière interprétation ayant prévalu, la valeur du mur sera donc déterminée par le prix de revient actuel du mur, déduction faite d'un pourcentage variable pour amortissement et vétusté, prix qui, d'ailleurs, sera relativement élevé pour un pan de béton, la maçonnerie de béton étant d'un coût supérieur à la maçonnerie ordinaire.

L'acquéreur se trouvera-t-il dans l'obligation de verser la moitié de la valeur ainsi fixée, sans pou-

voir invoquer la jouissance réduite que cette acquisition lui procurera ?

La doctrine et la jurisprudence sont très nettes
sur cette question : l'acquéreur doit, sauf cas excep-
tionnels, payer la demi-valeur du mur.

« Jamais le prix ne sera inférieur à la moitié de la valeur
réelle du mur à l'époque de la cession ; il ne sera pas réduit
sous prétexte que le mur construit avec des matériaux de
choix, dans des conditions de solidité particulière non usitées dans le pays, est trop considérable pour l'acquéreur de
la mitoyenneté dont le but serait atteint avec un mur beaucoup plus simple ; on doit prendre le mur tel qu'il est, et non
tel que l'aurait désiré le voisin; c'est un mur réel et non une
chose fictive dont la copropriété est cédée. Si l'acquisition
semble coûteuse, le voisin n'a qu'à s'abstenir, rien ne
l'oblige à invoquer l'article 661. » (Baudry-Lacantinerie,
957). Dans le même sens, Aix, 22 mars 1866. D. 67.2.96 ; S.
67.2.64 ; Aubry et Rau, paragraphe 222, page 452 ; Demolombe, XI, n° 365 ; Laurent, VII, n° 512 : Pothier, *Contrat
de Société*, n° 251 ; Demante et Colmet de Santerre, t. 2,
n° 51 b-3 ; Marcade, *Sur l'art. 661*, n° 2 ; Masselin, *Nouvelle jurisprudence sur les murs mitoyens*, n° 400. Voir
aussi conf. Me Tassin, 25 juin 1925 à la Société des Architectes. *D. P. L. G.*, p. 8 ; Guillemot Saint-Vinebault, Bécot
et Leroux, *Manuel juridique de la propriété bâtie*, p. 168 ;
Contra, Desgodets, *sur art. 194*, n° 28 ; Pardessus, t. I,
n° 155 ; Toullier, n° 104 ; Duranton, t. V, 327).

« Ainsi donc, fait remarquer le tribunal de la Seine, le
10 novembre 1913 (*La Loi*, 25-26 janvier 1914), la valeur
dont il doit être tenu compte au propriétaire du mur, ne
saurait être arbitrairement fixée sur la base de l'utilité que
représente cette mitoyenneté pour celui qui l'acquiert. La
seule mesure légale en est le prix de revient normal du mur
à l'époque de l'acquisition. »

Le voisin du pan de béton ou de fer se trouve donc dans l'obligation de payer la moitié de sa valeur, bien qu'il doive n'en retirer qu'un usage très restreint, ou de renoncer à son acquisition.

Dans la majorité des cas, il aura donc intérêt, non pas à acquérir, mais à exiger la démolition du pan et son remplacement par un mur ordinaire.

La stricte application de la loi conduirait ici encore au rejet de ce mode de construction, qui, cependant, en la circonstance, procure à chaque constructeur des avantages, inégaux sans doute, mais précieux pour l'un et l'autre : le premier conserve l'ouvrage monolithique qu'il a conçu et est remboursé d'une partie de la valeur du mur ; tous deux trouvent une clôture d'épaisseur réduite qui comme telle, leur augmente la surface de terrain utilisable.

Il est donc à supposer que, devant la perspective d'une démolition, le premier constructeur renoncera à son tour à exiger la demi valeur du mur pour convenir d'un prix réduit correspondant à l'utilité que le voisin peut retirer de son acquisition ; celui-ci deviendrait copropriétaire, c'est-à-dire, propriétaire du terrain correspondant à la demi épaisseur du mur, et copropriétaire pour moitié de l'ouvrage, la diminution de prix étant simplement destinée à l'indemniser de la restriction qu'il éprouve à l'exercice des droits que la loi lui reconnaît.

Ainsi donc, dans notre hypothèse, la conservation du pan de béton ou de fer ne pourra résulter que d'une renonciation réciproque de chaque voisin au bénéfice des dispositions légales sur la mitoyenneté.

S'ils ne parviennent à réaliser un accord, la loi les oblige à repousser les innovations de la construction moderne, pour se cantonner dans les anciens procédés de construction.

* * *

La question peut ensuite se poser de savoir si l'acquéreur de la mitoyenneté aurait la possibilité, soit au cas de démolition et de reconstruction du mur, soit même à une époque quelconque postérieure à son acquisition, d'exiger l'édification d'un mur qui réponde aux règles de la mitoyenneté.

La démolition et la reconstruction peuvent provenir de deux causes différentes :

Ou bien l'état de vétusté du mur ne lui permet plus de remplir son office pour chacun des deux propriétaires ; dans ce cas l'article 655 en exige la réfection à frais communs.

Ou bien la démolition est rendue nécessaire en raison de l'insuffisance du mur pour l'ouvrage qu'un des copropriétaires entend lui faire supporter ; dans ce cas, tous les frais occasionnés restent à la charge de ce dernier (V. p. 67 et suivantes).

L'acquéreur de la mitoyenneté est, quant au droit de propriété, en complète égalité avec son voisin ;

il est copropriétaire du mur. Sans doute, en notre espèce, ne peut-il en jouir comme lui, mais nous avons admis que pour l'indemniser de la gêne qu'il éprouve à une jouissance normale, le vendeur a consenti une réduction du prix de cession. Cette réduction ne constituant qu'une indemnisation, ne porte aucune atteinte à la nature, ni à l'étendue du droit de propriété de l'acquéreur qui le conserve dans sa plénitude, égal à celui de son voisin.

Supposons que l'ancien mur ne suffise plus au premier constructeur et que celui-ci, l'ayant démoli, en élève un nouveau.

L'article 659 du Code civil, qui ne vise sans doute que l'exhaussement mais doit être largement interprété, lui permet ces démolition et reconstruction dont il supportera la charge.

Il reste libre du choix des matériaux à employer, de façon à ce que le nouveau mur réponde à ses besoins.

Mais s'il élève un pan de béton ou de fer à la place de l'ancien, il perpétue l'obstacle à l'exercice des droits de mitoyenneté de son voisin.

Celui-ci peut-il s'y opposer et exiger la construction d'un mur ordinaire ?

Bien qu'il ait renoncé, lors de son acquisition, à demander la suppression de celui alors existant et qui était susceptible de le gêner dans les mêmes conditions que le nouveau, l'affirmative ne nous paraît pas faire de doute.

On pourrait soutenir, cependant, que le premier

pan de béton frappait la propriété de l'acquéreur, d'une sorte de servitude au profit du vendeur. Sans doute, celui-ci n'avait pu avant la cession de la mitoyenneté, acquérir par prescription le droit de le conserver, puisque, d'une part, il en était propriétaire exclusif et en conséquence ne grevait d'aucune charge la propriété du voisin ; que, d'autre part, celui-ci conservait sa faculté imprescriptible d'acquisition, et, corrélativement, celle d'exiger le rétablissement du mur conforme aux principes de la mitoyenneté, et qu'on ne prescrit pas contre une faculté ; mais, après la cession, cette servitude pouvait résulter, soit d'une prescription à compter de cette cession, soit d'un titre constatant l'acquiescement du voisin à son existence.

Le prix réduit consenti a tenu compte de la charge qui frappe le mur et en diminue la valeur.

En acceptant l'un, l'acquéreur a reconnu et accepté l'autre.

L'édification d'un nouveau pan de béton ne constitue que l'exercice de cette servitude, et le voisin ne possède aucun droit qui l'autorise à s'y opposer.

Cette opinion ne nous paraît cependant pas devoir être retenue.

Le maintien du pan de béton, après l'acquisition de la mitoyenneté par le voisin, constitue moins l'exercice d'une servitude sur sa propriété qu'une tolérance de sa part au profit du premier constructeur.

Il lui était loisible, en effet, d'exiger sa démolition

préalable et la reconstruction d'un mur en bon état.
(Voir p. 38 et suiv.) le premier constructeur avait
commis une faute dont l'acquéreur pouvait exiger
réparation.

Il devait monter un bon mur sur de bonnes
fondations.

Dans le même sens (Desgodets, sur art. 194, n° 33. Masselin, chap. 22 paragraphe 49, n° 510).

En acquérant la mitoyenneté, il n'a pas renoncé
aux droits que lui confère la loi, bien au contraire,
il a manifesté l'intention de s'en prévaloir.

Il n'a pas acquis la mitoyenneté d'un mur grevé
d'une servitude, mais celle d'un ouvrage dont la
seule présence concrétise une faute du constructeur.

Seulement, pour éviter à son voisin une démolition qui ne lui est pas nécessaire, il a admis que cet
ouvrage pourrait être conservé.

La réduction du prix ne résulte pas d'une servitude sur le mur, mais elle indemnise l'acquéreur de
son consentement au maintien des ouvrages actuels,
et de la gêne qu'il en éprouve.

En l'acceptant, celui-ci a, tout au plus, contracté
vis-à-vis de son vendeur, une obligation de ne pas
exiger la démolition du mur existant sous le motif
de son incompatibilité avec les règles de la mitoyenneté.

Desgodets émettait déjà la même opinion quant
au maintien dans le mur pendant toute son existence,
des ouvrages incompatibles avec la mitoyenneté.

« Si deux voisins, dit-il, en construisant un mur mitoyen entre eux, y avaient fait, d'un commun consentement par écrit, quelque chose de part et d'autre contre ce qui est ordonné par la Coutume, comme de n'avoir pas fait des jambes sous poutres, d'avoir fait porter toutes les solives de leurs planchers dans le mur et d'y avoir encastré des tuyaux de cheminée, et autres choses semblables, et que l'un des deux changeât d'avis après l'œuvre faite, il ne pourrait pas être reçu à faire remettre les choses autrement, à moins qu'il ne les refit à ses dépens, si ce n'est qu'il y eut faute de soli- dité et qu'il fallut refaire le mur par la caducité ou qu'il y eut danger de feu, car en ce cas, et autres semblables, l'un des voisins pourrait obliger l'autre à refaire le mur mitoyen suivant la coutume, en observant les mêmes choses de son côté » (sur art. 194, n° 27).

Goupy confirme cette opinion.

La situation est la même pour l'acquéreur qui accepte la conservation d'un ouvrage incompatible avec la mitoyenneté. Il ne peut, par pure fantaisie, ou même en raison de la gêne qu'il éprouve, en exiger la suppression de son voisin.

Sauf cette restriction, l'acquéreur conserve par ailleurs tous les droits de mitoyenneté et il pour- rait notamment démolir à ses frais le mur acquis, et le remplacer par un autre en maçonnerie s'il lui convient, pour soutenir son bâtiment.

Mais si le vendeur, pour ses besoins personnels, juge nécessaire d'abattre le mur qu'il a construit, la tolérance de l'acquéreur disparaît, son obligation de ne pas faire se trouve exécutée et il retrouve la plé- nitude de ses droits.

Il avait toléré l'ouvrage existant lors de son acquisition mais il n'a nullement pris l'engagement de tolérer ceux qui viendraient le remplacer en cas de reconstruction.

Le premier constructeur ne pourrait donc, sans commettre une nouvelle faute, édifier un nouveau pan de béton ou de fer qui ne résulterait pas d'un accord avec son copropriétaire de l'ancien.

De son côté, celui-ci aura le droit d'exiger l'édification d'un mur qui réponde aux principes de la mitoyenneté.

> « Si les propriétaires ne peuvent s'entendre sur la reconstruction du mur mitoyen, dit la Cour de Caen, le mur doit être rétabli dans l'état où il était à l'origine ; les juges ne peuvent décider, en pareil cas, que le mur sera reconstruit suivant les règles de l'art sous la direction d'un architecte commis à cet effet. » (Caen, 28 février 1857. S. 57.11.576).

Les règles de l'art s'opposeraient certainement à l'édification d'un mur en pan de béton ou de fer qui ne serait pas susceptible de satisfaire aux conditions de jouissance prévues par la loi.

* * *

Pour avoir un bon mur, au sens où cette expression doit être entendue en mitoyenneté, il faudrait donc à l'acquéreur, soit attendre une démolition du voisin (car la perspective d'une démolition et reconstruction à frais communs en vertu de l'article 655 est assez incertaine pour un pan de béton ou de fer), soit démolir et reconstruire lui-même et supporter des frais élevés.

Dans ce dernier cas, il serait d'ailleurs obligé de fournir une portion de son terrain pour l'assiette du nouveau mur, lequel aurait nécessairement une épaisseur plus importante que le pan de béton.

D'autre part, dans ce cas encore, sa situation se trouverait aggravée en raison du mode de construction.

S'il se trouvait, en effet, en présence d'un mur ordinaire avec des ouvrages encastrés dont il a renoncé à exiger la suppression, ou bien encore d'un pan de bois, il lui serait relativement aisé ultérieurement, de les démolir, pour élever à ses frais, un mur à sa convenance. Ce serait une opération courante de construction.

Mais s'il se trouve en présence d'un pan de béton sa suppression sera, sinon impossible, tout au moins fort délicate et très onéreuse.

La perspective de ces difficultés futures l'incitera à exiger immédiatement un bon mur et user des droits que la loi lui confère à cet effet.

Le premier constructeur se trouvera alors privé des avantages que lui apportait la construction moderne ; il lui faudra sacrifier le monolithisme de son immeuble, et perdre peut-être une surface appréciable d'un terrain cher et parfois nécessaire pour la bonne composition du plan, en diminuant la surface utilisable de sa construction.

En résumé :

La loi permet à l'acquéreur de la mitoyenneté,
d'exiger, au moment de son acquisition, la démolition de l'ouvrage édifié par le premier constructeur
s'il est incompatible avec les règles de la mitoyenneté, comme le serait le pan de béton ou de fer.

« Le mur séparatif, susceptible de devenir mitoyen, doit
être construit comme un mur mitoyen. »

dit Guadet dans le rapport du Conseil Général des
Bâtiments Civils sur la revision du Code civil, et pour
préciser cette obligation qui résulte de la loi, mais
n'y figure pas, il propose d'ajouter à l'article 653,
les deux paragraphes suivants :

Il doit être contruit en maçonnerie pleine.
« Tout mur séparatif susceptible de devenir mitoyen est
régi par toutes les prescriptions applicables au mur mitoyen. »

Si l'acquéreur accepte le maintien de l'ouvrage
existant, il peut néanmoins ultérieurement, au cas
où le premier constructeur vient à le démolir, exiger la reconstruction du mur dans des conditions
telles, qu'il satisfasse aux principes de la mitoyenneté c'est-à-dire assure une égalité complète de
jouissance entre chaque propriétaire.

En outre, et à toute époque, il a la possibilité de
supprimer, lui-même et à ses frais, l'ouvrage incri-
miné et le remplacer par un mur ordinaire à sa
convenance.

Ainsi donc, l'existence du pan de béton ou de fer,

reste essentiellement précaire et ne peut résulter que de conventions dérogatoires expresses à la loi.

B. — LE PAN DE BÉTON OU DE FER POURRA-T-IL ÊTRE SURÉLEVÉ A LA VOLONTÉ DES VOISINS.

Deux situations peuvent se présenter suivant que la surélévation est faite par l'un ou l'autre des voisins.

Le mur, dans ses éléments essentiels, tient à l'immeuble du premier constructeur. Il n'est relié à celui du second, dont il ne constitue pas un soutien, que dans la mesure nécessaire à assurer une contiguïté entre les bâtiments ; le deuxième immeuble est un monolithe accolé à un mur indépendant qui lui sert de clôture.

Si le premier constructeur surélève et que le mur séparatif soit insuffisant pour supporter un exhaussement, sa démolition et reconstruction s'imposent et seront, conformément aux termes de l'article 659 du Code civil, à la charge du reconstructeur. L'immeuble du voisin ne souffre pas alors d'un défaut d'appui et le seul inconvénient qu'il éprouve réside dans la suppression temporaire d'une clôture pendant la durée des travaux.

Dans ce cas, aucune difficulté ne s'élève au point de vue qui nous intéresse.

Il n'en est pas de même si la surélévation doit être effectuée par le deuxième constructeur.

Le mur a été conçu et édifié pour supporter exclusivement l'immeuble voisin dont il constitue une partie de l'ossature.

Ses démolition et reconstruction entraîneront des dépenses relativement élevées pour un travail d'une réalisation pour le moins délicate.

En supprimant le pan de béton, on attaque l'ossature de l'immeuble, détruisant son monolithisme, au risque de compromettre sa stabilité.

De grandes précautions, des travaux spéciaux et onéreux sont indispensables.

Le deuxième constructeur n'a pas intérêt à les effectuer ; les difficultés qu'il rencontre s'opposent en quelque sorte au droit d'exhaussement que la loi lui reconnaît.

Ne pourrait-il les éviter en clôturant sa construction, au-dessus du mur existant qu'il conserverait, par un nouveau mur qui prendrait appui sur son bâtiment.

Le béton et le fer lui donneraient cette possibilité d'éviter toute fatigue au mur inférieur.

Leur emploi sous cette forme sera-t-il compatible avec les règles de la mitoyenneté ?

Cette question se rattache à celle plus générale de l'exhaussement que nous examinerons plus loin.

C. — CONSTRUCTION EN RETRAIT DE LA LIGNE SÉPARATIVE.

— Pour éviter toutes les difficultés que le constructeur a la perspective de voir apparaître, soit au moment, soit après l'acquisition de la mitoyenneté du mur par son voisin, ne pourrait-il l'élever sur sa propriété, en retrait de la ligne séparative, de manière à faire obstacle à cette acquisition ?

L'article 661 dit, en effet, que tout propriétaire *joignant* au mur, a la faculté d'en acquérir la mitoyenneté ; si donc le mur est édifié à une distance, si minime soit-elle, de la ligne séparative, la propriété voisine ne le joint pas. L'article 661 doit-il encore recevoir son application.

Cette question a fait l'objet de vives controverses. Rappelons-les brièvement.

Une partie de la doctrine et de la jurisprudence considérait que le caractère d'utilité générale de la mitoyenneté prime son caractère d'utilité privée.

« La loi qui oblige le propriétaire d'un mur de séparation d'en vendre la mitoyenneté, peut être regardée en quelque sorte comme une loi d'utilité publique dont on ne doit pas permettre d'éluder les dispositions sans un motif quelconque » (Delvincourt, p. 160, note 7).

Pour ce motif, Marcadé, art. 661, note 1, décide qu'un faible espace de terrain laissé entre le mur et la propriété voisine ne saurait faire obstacle à l'acquisition de la mitoyenneté.

« S'il fallait, en effet, refuser alors au voisin le droit d'acquérir la mitoyenneté dit-il, il serait réduit à en faire construire un nouveau, et le résultat serait la perte d'une plus grande partie de terrain que la loi a voulu éviter. »

Demolombe apporte l'appui de son autorité à cette opinion.

« Nul ne se peut soustraire par une fraude à l'application d'une loi qui repose sur des motifs d'intérêt général ; et tel est le caractère de notre article 661. Or nous supposons qu'il est reconnu en fait que l'espace laissé au delà du mur est d'une exiguïté telle, que le constructeur n'a eu évidemment d'autre but que d'échapper à l'application de cet article. Donc, cette fraude ne saurait l'autoriser à paralyser, par pure malice et sans aucun intérêt pour lui-même, l'application d'une mesure utile à son voisin et à la société toute entière. « Malitiis non est indulgendum » disait Pothier précisément à l'occasion de notre sujet (nᵒ 247). Nous conclurons avec Pardessus (t. I, nᵒ 154) que le propriétaire du mur pourrait alors être condamné à abandonner, à dire d'experts, la mitoyenneté de son mur et du terrain qu'il a laissé au delà, à moins qu'il ne préfère bâtir un mur à frais communs à l'extrémité des deux héritages en fournissant la demi-épaisseur de l'emplacement (Demolombe, *Des servitudes et Services fonciers*, nᵒ 354. Dans le même sens Lepage, 1, 395 ; Solon, nᵒ 141 ; Frémy Ligneville et Perriquet, *Traité de la législation des bâtiments et constructions*, nᵒ 551, et Bourges, 9 décembre 1837. S. 37.2.159 ; Caen, 27 janvier 1860. S. 61.2.163 ; D.P.60.2.204.)

Cependant, cette opinion n'a pas prévalu.

La mitoyenneté, et plus spécialement l'article 661, ont été certainement conçus dans l'intérêt général autant que dans l'intérêt particulier des voisins, mais ils ne constituent nullement des dispositions d'ordre public.

Au contraire, ils dérogent à un principe fondamental de notre code en portant atteinte au droit de propriété, tel qu'il résulte de l'article 544.

Les articles 657 et suivants en réglementent l'exercice et, par le fait même qu'ils constituent une dérogation au droit commun de la propriété, ils doivent être interprétés restrictivement strictement.

« En vain dit-on que le propriétaire, en élevant son mur à une faible distance de la ligne qui sépare son fonds de celui du voisin dans la pensée de se soustraire à l'acquisition de la mitoyenneté, se rend ainsi coupable d'une fraude à la loi. Cette objection suppose qu'il s'agit d'une disposition d'ordre public. Or cette supposition est inadmissible, puisqu'il est permis de renoncer à acquérir la mitoyenneté et que d'un autre côté, le propriétaire qui veut élever des constructions sur son terrain, n'est pas obligé d'acquérir la mitoyenneté du mur voisin, et peut laisser entre ce mur et ses constructions, tel espace de terrain qu'il juge convenable. » (Aubry et Rau, paragraphe 222 sur art. 661, note.)

La jurisprudence, par des arrêts fortement motivés, adopte également cette opinion.

« Attendu que l'art. 661 C. C. n'accorde la faculté de rendre un mur mitoyen qu'au propriétaire joignant le mur ;
« Que la disposition de l'article 661 est une exception au principe général et absolu qui veut que nul ne puisse être tenu de céder sa propriété si ce n'est pour cause d'utilité publique ; Attendu qu'une exception qui, de sa nature doit être restreinte, ne saurait jamais être étendue, même par les considérations les plus puissantes qui ne doivent jamais faire fléchir le droit et le respect dû à la propriété ; » (Douai, 7 août 1845. D. P. 47. 4. 446).

La Cour de Cassation l'a consacré dans un arrêt de la Chambre civile du 26 mars 1862 (D. 62.1.175) cassant un arrêt de Rennes du 14 juin 1860 (Aff. Faisnel), par des motifs décisifs. La faculté d'acquérir donnée par l'article 661 ne peut être exercée « que lorsqu'il y a contiguité entre la propriété voisine du mur, et le mur lui-même ».

« Le propriétaire du mur, ajoute l'arrêt, a par conséquent le droit en le construisant, de s'affranchir de cette servitude et de s'assurer la propriété exclusive de son mur en laissant au delà un espace intermédiaire qui le protège contre l'exercice de la faculté introduite par l'article 661. Quel que soit le motif qui le détermine à agir ainsi, il ne fait qu'user de son droit de propriété dont il ne peut être tenu de faire le sacrifice que dans les cas voulus par la loi, et dès lors, il n'appartient pas aux juges de rechercher et d'apprécier ses motifs. »

(Dans le même sens : Masselin, *Revue décennale de jurisprudence*, 1888-1898, n° 574 ; Baudry-Lacantinerie et Chauveau, n° 950 ; Demante et Colmet de Santerre, t. 2, n° 515 *bis* ; Ducaurroy, Bonnier, Roustaing, t. 2, n° 292 ; Duranton, t. 5, n° 324 ; Duvergers, Toulier, t. 3, n° 193, note A ; Huc, t. 4, n° 335, p. 419 ; Bordeaux, 17 mars 1868. S. 68.2.216.)

Ainsi l'opinion dominante conclut au droit pour le premier constructeur, d'édifier son mur en retrait de la ligne séparative, sur sa propriété, afin de faire obstacle à la faculté d'acquisition du voisin.

Si donc il construit sans accord préalable avec ce dernier, il se mettra à l'abri de toutes difficultés futures en réservant un faible intervalle entre son mur et la propriété voisine.

Ce que le législateur avait voulu éviter réapparaît par le fait même de sa réglementation.

La loi s'oppose à la construction moderne ; pour

utiliser la construction moderne, il faut chercher à éluder l'application de la loi. Ainsi se posent le problème et sa solution.

Sans doute, des couloirs étroits se créeront alors entre les immeubles, et du terrain restera inutilisé sans profit pour personne, résultats exactement contraires à ceux escomptés de la mitoyenneté, mais il n'est pas d'autre moyen pour le constructeur d'un pan de béton ou de fer de se mettre à l'abri des exigences futures d'un voisin, à moins d'un accord préalable avec lui.

La mitoyenneté, que la majorité des auteurs déclare d'une utilité privée incontestable, paraît en notre matière avoir plus d'inconvénients que d'avantages.

II

Construction d'un pan de béton ou de fer contre un mur séparatif déjà existant à la ligne séparative. Possibilité de cette construction.

Nous avons supposé, jusqu'à présent, que le premier constructeur édifiait, soit à la limite de son terrain, soit sur la ligne séparative, un pan de béton ou de fer dont le voisin acquiert ensuite la mitoyenneté.

Nous allons envisager maintenant le cas où cet ouvrage est élevé par un propriétaire contre un mur existant, au long ou à cheval sur la ligne séparative.

Pour une raison quelconque, ce propriétaire ne veut pas faire usage de ce mur comme appui, soit

qu'il l'estime inutilisable pour lui, soit, plus simplement, qu'il désire construire exclusivement sur sa
propriété.

Ainsi par exemple, dans la première hypothèse,
le mur en bon ou mauvais état, soutient un bâtiment de faible hauteur, alors que le nouvel immeuble
sera très élevé. Il ne peut supporter un exhaussement ; il faut le démolir et le reconstruire en aug-
mentant son épaisseur.

Ou bien encore :

Il pourrait supporter le nouveau bâtiment s'il était
en bon état, mais la vétusté impose son remplacement.

Tout d'abord, s'il est en très mauvais état, le constructeur ne pourrait-il, après se l'être rendu mitoyen s'il ne l'est déjà, exiger de son voisin une démolition et reconstruction à frais communs ?

L'article 655 prévoit que « la réparation et la
reconstruction du mur mitoyen sont à la charge de
tous ceux qui y ont droit et proportionnellement au
droit de chacun ».

Il précise les conditions dans lesquelles doivent
s'effectuer cette réparation ou reconstruction si
elle est rendue nécessaire par une usure normale.

Si le mur a, en effet, été dégradé par le fait d'un
des copropriétaires, celui-ci, ayant usé de la chose
commune d'une façon anormale, a commis une faute
vis-à-vis de l'autre; il en doit réparation et les frais
de réfection lui incombent (Paris, 1er août 1861. S.
61.11.478. Cass., 31 janvier 1876. D.77.1.230).

Au contraire, si le mur n'a pas été dégradé par l'utilisation anormale d'un propriétaire, les frais de réparation, et au besoin de reconstruction, sont à charge commune.

Mais il faut alors que le mur soit dans un état de délabrement tel, que pour chaque propriétaire il soit incapable de satisfaire à l'usage auquel il est destiné.

« Lorsqu'un mur mitoyen est suffisant, quelles que soient d'ailleurs ses défectuosités, pour les constructions existantes, il n'y a pas lieu à partage de la dépense de reconstruction. » (Cass., 18 mars 1872. D.72.1.106). Guillemot-St-Vinebault, Becot et Leroux, *Manuel juridique de la propriété bâtie*, p. 230.)

La question de savoir si le mur est suffisant ou non est une question de fait dont l'appréciation appartiendra aux experts désignés par les tribunaux (Masselin, n° 205. Guillemot St Vinebault, Becot et Leroux précités, p. 229).

La jurisprudence d'ailleurs est très large dans son estimation de la suffisance du mur.

« Doit être considéré comme suffisant le mur mitoyen qui, quoique délabré, n'est pas en assez mauvais état pour que sa réfection soit nécessaire » (Paris 17 juin 1872. D.76.11.5) *ou encore* « un mur qui, quoique ancien, construit avec des matériaux de médiocre qualité et actuellement en mauvais état, ne menace pas ruine et peut durer encore un certain temps » (Paris, 15 décembre 1875. D.76-11-5. Guillemot-St-Vinebault, Becot et Leroux, p. 229).

Hors le cas d'insuffisance pour les deux voisins, la démolition et la reconstruction restent à la charge de celui des deux propriétaires qui les a provoquées ou rendues nécessaires (Cass. 18 mars 1872; — et les arguments de M. l'Avocat Général — Masselin, *Nouvelle Jurisprudence sur les murs mitoyens*, n° 144).

Il n'est plus alors fait application de l'article 655, mais de l'article 659 du Code civil.

« Si le mur mitoyen n'est pas en état de supporter l'exhaussement, celui qui veut l'exhausser doit le faire reconstruire en entier à ses frais, et l'excédent doit se prendre de son côté. »

Sans doute, cet article ne prévoit-il que l'incapacité de supporter un exhaussement, mais il ne paraît pas contestable qu'il doive recevoir son application dans les cas où le mur est inapte à l'usage spécial qu'en veut faire un des voisins.

L'exhaussement ne constitue qu'une modalité d'utilisation du mur, tout comme l'appui d'une construction.

Le cas particulier prévu par la loi, ne saurait impliquer que les dispositions de l'article 659 ne sont applicables qu'à lui seul ; il doit plutôt être considéré comme un exemple.

« Cet article de loi, dit le Tribunal de la Seine dans un jugement en date du 24 décembre 1869, cité par Masselin, ne peut laisser aucun doute par cette raison : que la pensée évidente du législateur a été d'exonérer de toute dépense, celui pour lequel l'état ancien était suffisant, et qui est obligé de supporter, pour la seule utilité de son voisin, le trouble et la gêne inséparables d'un travail aussi important que l'est celui d'une démolition et reconstruction d'un mur séparàtif de deux bâtiments » (Masselin, *Nouvelle jurisprudence sur les murs mitoyens*, nº 144).

En résumé, si la reconstruction est rendue nécessaire en raison de l'insuffisance du mur pour chaque propriétaire, l'article 655 recevra son application.

Au contraire, si le mur est suffisant pour l'un, et insuffisant pour l'autre, c'est au contraire l'article 659 qui sera applicable (voir à ce sujet Cass. Civ., 18 mars 1872 précité. Paris, 8 août 1873, cité par Masselin à la suite de l'arrêt ci-dessus et les différents arrêts cités par Guillemot St Vinebault, Becot et Leroux. *Manuel juridique de la propriété bâtie*, p. 228 et suivantes).

Le constructeur qui estime le mur séparatif inutilisable pour lui, dans son état actuel, se trouve le plus fréquemment dans la nécessité de le démolir et reconstruire à ses frais.

Il est à présumer, en effet, que le voisin s'opposera dans toute la mesure de son possible, à participer aux frais de reconstruction, et prétendra que le mur lui étant suffisant il y a lieu de faire application de l'article 659 et non de l'article 655.

En admettant la légitimité de cette prétention, le constructeur supportera donc, seul, des dépenses importantes.

Indépendamment du coût des démolition et reconstruction, les frais nécessaires à la consolidation

de l'immeuble voisin pendant les travaux, à la réfection des décorations intérieures sur ce mur chez le
voisin, etc... restent, en effet, à sa charge.

En outre, si l'ancien mur est d'une épaisseur insuffisante il lui faut prélever sur sa propriété l'excédent d'épaisseur nécessaire au nouveau.

Enfin, s'il n'est pas mitoyen, il doit en acquérir
la mitoyenneté.

Pour éviter ces frais et charges diverses, il édifiera
par exemple, au long du mur, l'ossature d'un pan de
béton ou de fer. Si le mur séparatif est dans un état
suffisant pour être utilisé comme clôture, cette ossature, accolée contre le mur, ne servira que de soutien à la construction.

Si, au contraire, il ne peut remplir cet office,
comme aussi s'il se déverse, l'ossature sera complétée par un remplissage en briques ou autres matériaux. L'immeuble, ainsi construit, est alors tout à
fait indépendant.

Le constructeur n'a pas utilisé le mur séparatif ou,
tout au plus, l'a-t-il employé comme mur de clôture.

Sans doute, aurait-il pu également construire un
mur en maçonnerie ordinaire au long de celui existant.

Mais, supposons que son bâtiment soit en ciment
ou en fer. Si le mur existant peut servir de clôture,
la perte de terrain à supporter pour l'assise des
organes de soutien de l'immeuble au long de ce
mur sera réduite au minimum puisqu'elle ne com-

portera que la surface d'appui des poteaux, au lieu de celle d'un mur nouveau ; encore, une étude sérieuse du plan pourra-t-elle permettre de considérer cette perte de surface comme nulle par un aménagement intérieur approprié.

Si le mur ne peut servir de clôture, la perte de surface comprendra l'assise des poteaux, augmentée de l'épaisseur d'un remplissage, laquelle peut être très réduite.

Cette dernière solution fait perdre le bénéfice de l'utilisation du mur, et notamment de la surface de terrain qu'occupe le remplissage.

Elle évite cependant au constructeur les frais divers et onéreux de démolition et reconstruction, les difficultés toujours possibles avec le voisin qui naissent à l'occasion de ces travaux ; en outre, elle lui procure les avantages techniques qui font utiliser ces nouveaux matériaux de construction.

Cependant, les règles de la mitoyenneté sont-elles satisfaites ?

Il y a lieu de distinguer ici plusieurs hypothèses.

1o Le mur séparatif est mitoyen ;

2o Le mur séparatif n'est pas mitoyen, mais il est édifié de part et d'autre de la ligne mitoyenne ;

3o Le mur séparatif n'est pas mitoyen et se trouve entièrement sur la propriété d'un des voisins,
ou, le mur séparatif étant d'abord mitoyen, un des copropriétaires a fait abandon de la mitoyenneté.

1° *Le mur séparatif est mitoyen.*

Il s'agit, par exemple, d'un mur de clôture édifié à frais communs, ou d'un mur soutenant les constructions des deux voisins mais qui se trouve insuffisant pour supporter celle nouvelle que l'un d'eux désire édifier ; il se déverse, ou bien il est crevassé, ou simplement trop vétuste, et son remplacement s'impose.

Le constructeur peut-il, sans contrevenir aux principes de la mitoyenneté, élever un pan de béton ou de fer au long de ce mur, qu'il utilisera au besoin comme clôture ?

Cet usage du mur est conforme à sa destination. Aucune objection ne peut être faite à la présence d'une ossature accolée contre lui, qui n'entrave nullement l'exercice des droits de mitoyenneté du voisin.

Par ailleurs, le constructeur reste libre d'édifier sur sa propriété tel ouvrage qui lui convient. Il n'apporte ici aucune modification au caractère du mur ; celui-ci reste mitoyen, et chaque voisin continuera à participer à son entretien et à supporter les charges qui résultent pour lui de sa copropriété, comme auparavant.

Au contraire, le constructeur a-t-il le droit, au long et contre le mur mitoyen, d'élever un nouveau mur pour soutenir son bâtiment, qu'il s'agisse d'ailleurs d'un mur en maçonnerie ou d'un pan de béton ou de fer, ou doit-il obligatoirement utiliser celui existant sauf à le démolir s'il l'estime insuffisant.

La question ne paraît également pas faire de doute.

La loi qui interdit à un propriétaire d'élever à la ligne séparative un ouvrage contraire aux règles de la mitoyenneté, ou de faire du mur séparatif un usage en opposition avec ces mêmes règles, lui reconnaît par ailleurs, et sauf cette restriction, le droit de jouir et de disposer de sa propriété comme bon lui semble.

En l'espèce, le constructeur conserve le mur dans son état actuel et n'y apporte aucune innovation ni surcharge.

Il ne se soustrait donc à aucune de ses obligations légales.

Il ne doit pas faire un usage abusif de la chose, mais il n'est nullement astreint à l'utiliser.

La faculté d'utilisation est parallèle à la faculté d'acquisition.

Il s'en prévaut s'il le juge utile dans les limites autorisées, mais il demeure libre de construire en un autre point quelconque de son terrain, voire même contre ce mur.

Desgodets admettait cette solution.

« Au cas de construction d'un contre-mur pour ne pas user de la mitoyenneté, ce mur doit être suffisant pour porter l'édifice et ne pas s'appuyer sur le mitoyen » (sur art. 198, n° 27).

La jurisprudence est dans le même sens (Seine, 6 mars 1879. Paris, 5 janvier 1872. D. 76.2.8, Seine, 24 décembre 1886, cités par Masselin, chap. 22, § 19, n° 407).

On peut supposer qu'après l'édification du nouvel immeuble, le voisin démolisse celui qu'il possède et qui prend appui sur le mur séparatif.

Si le mur séparatif sert de clôture à l'immeuble subsistant il devra être conservé, sauf, au besoin, au cas où le démolisseur ne voudrait plus participer à son entretien, à ce qu'il en abandonne la mitoyenneté à son voisin.

S'il ne sert pas de clôture, c'est-à-dire si le constructeur a, par exemple, édifié un pan de béton ou de fer privatif, il pourra sans aucun inconvénient et après accord entre les voisins, être démoli.

Le mur étant mitoyen et, en conséquence, établi de part et d'autre de la ligne séparative, le pan se trouvera alors situé à une distance de la ligne séparative correspondante à la demi-épaisseur du mur démoli.

En admettant que le démolisseur veuille ensuite reconstruire, aura-t-il le droit d'invoquer l'article 661 pour en acquérir la mitoyenneté ? Ne pourra-t-il prétendre que son voisin l'a édifié en retrait de la ligne séparative dans le but de faire fraude aux règles de la mitoyenneté ; qu'il aurait dû utiliser l'ancien mur, mais s'en est abstenu afin de s'éviter des frais dont la charge lui incombait normalement aux termes de la loi ; qu'il a commis une faute et, ne pouvant en tirer un bénéfice, doit en conséquence être astreint à céder la mitoyenneté du pan, en même temps que la bande de terrain le séparant de la propriété du réclamant.

La question a été examinée plus haut (p. 63 et suiv.)

cette prétention ne peut être retenue. Il a au contraire été constaté que la construction du pan de
béton en retrait de la ligne séparative était le seul
moyen légal de le soustraire à l'emprise du voisin.

Le nouveau constructeur édifiera donc le mur de
son nouvel immeuble sur l'emplacement de l'ancien
et ce mur sera mitoyen dans les mêmes conditions
que le précédent.

2º *Le mur séparatif n'est pas mitoyen mais il est
édifié de part et d'autre de la ligne mitoyenne.*

Dans les villes et faubourgs, l'article 663 autorise
un propriétaire à exiger de son voisin la construction et l'entretien à frais communs d'un mur de
clôture sur la ligne séparative.

Seul un mur peut être construit dans ces conditions et si un des voisins désire un genre différent
de clôture, il lui appartient de l'édifier à ses frais
exclusifs, sans le concours de l'autre.

L'article 663 lui donne une simple faculté d'exiger
ce concours. Il n'y est pas astreint. S'il estime que son
intérêt lui commande de s'en abstenir, rien ne fait obstacle à ce que le mur, même établi dans des conditions ordinaires, soit construit à sa charge exclusive.

S'il l'asseoit au long de la ligne séparative sur sa propriété, aucune difficulté n'apparaît actuellement ; son
droit de propriété lui permet d'élever sur son terrain,
telle construction à tel emplacement qui lui convient.

S'il l'asseoit de part et d'autre de la ligne séparative, il utilise pour ses besoins personnels, la propriété de son voisin, sans autorisation de ce dernier.

Celui-ci peut-il se prévaloir des dispositions de l'article 555 du Code Civil qui lui permettraient, soit de faire démolir l'ouvrage mal implanté construit sans droit sur le terrain d'autrui, soit de l'acquérir dans les conditions prévues par cet article.

La question est controversée et son examen dépasserait le cadre de cette rapide étude.

L'affirmative a été soutenue (voir notamment Cour de Douai, 10 février 1925. *Construction moderne*, avril 1925) mais l'opinion contraire paraît devoir l'emporter (Conf. Me Tassin à la Société d'Architectes Diplômés par le Gouvernement, le 25 juin 1925, supplément au *Bulletin* de la Société. pages 22 et suivantes), et pour l'exposé de la question, *Manuel Juridique de la Propriété bâtie* précité, p. 83 et suivantes).

Remarquons simplement que la mitoyenneté est une matière dérogatoire au droit commun de la propriété, spécialement réglementée par le Code, et à laquelle ne doivent être appliquées que les dispositions la concernant particulièrement.

Elle forme une matière indépendante gouvernée par ses règles propres.

Vouloir la soumettre aux articles 552 C. C. et suivants serait faire abstraction de cette considération fondamentale.

L'édification du mur en partie sur le terrain du voisin, sans son consentement, constitue sans doute une voie de fait contre la propriété de ce dernier qui peut en exiger réparation.

Seule la démolition du mur pourrait rétablir dans toute sa plénitude le droit de propriété que la loi lui reconnaît.

Mais en pays de clôture forcée, son action sera paralysée par l'application qu'entendra faire alors le constructeur, de l'article 663.

Cet article lui permet d'imposer la construction du mur à frais communs. Si le voisin persiste dans son intention de faire démolir celui mal implanté, le constructeur exigera la réédification d'un nouveau mur dans les conditions de l'article 663.

Cette seule perspective suffira pour arrêter toute réclamation de sa part.

Il préférera abandonner, temporairement, une parcelle de son terrain et laisser élever le mur de part et d'autre de la ligne séparative, sauf à en acquérir la mitoyenneté le jour où il désirera l'utiliser comme appui, plutôt que de participer à sa construction alors qu'il n'en a pas besoin.

Il résulte donc indirectement de cet article qu'en pays de clôture forcée, le voisin du constructeur, s'il n'est pas encore clos, est en quelque sorte obligé à participer à la clôture en fournissant une parcelle de terrain nécessaire à l'assiette du mur.

Revenant à notre question, on peut donc supposer que dans un pays de clôture forcée, le mur séparatif a été élevé aux frais exclusifs du constructeur, et assis sur la ligne séparative, ou bien encore, en dehors des pays de clôture forcée, que le voisin, envisageant l'utilisation future qu'il pourrait faire du mur, a consenti à ce que le constructeur l'édifie dans ces mêmes conditions.

Supposons que le voisin accole contre lui un pan de béton ou de fer.

La question se présente alors sous le même aspect que celle précédemment examinée.

Si le propriétaire du mur vient à le démolir, il sera séparé du pan privatif du voisin, par un espace de terrain appartenant à ce dernier et correspondant à la demi-assiette du mur.

Nous avons vu qu'il ne peut exiger la cession de cette bande de terrain, ni acquérir la mitoyenneté du pan (voir p. 76).

3° *Le mur séparatif n'est pas mitoyen et se trouve entièrement sur la propriété d'un des voisins.*

On peut assimiler à ce cas, l'abandon fait, par un des copropriétaires, de la mitoyenneté, qui rend le mur privatif à l'autre.

Dans les deux cas, il est situé au long de la ligne séparative.

Le pan de béton ou de fer qui lui est accolé se trouve donc également, mais sur la propriété voisine, élevé au long de cette même ligne séparative.

Si le mur vient à être démoli, son propriétaire joindra au pan.

La situation a déjà été examinée : un propriétaire ayant édifié sur son terrain, au long de la ligne séparative, un pan de béton ou de fer, le voisin veut user des dispositions de l'article 661 et en acquérir la mitoyenneté (voir p. 37 et suiv.)

Nous avons vu les difficultés que soulève cette situation.

Dans le deuxième cas, elles auraient pu être évitées si le constructeur du pan, copropriétaire du mur, n'avait renoncé à la mitoyenneté. Il a voulu éviter les charges d'entretien et de reconstruction éventuelle que lui impose la loi, le pan remplaçant pour lui le mur mitoyen dont il ne fait plus usage. Mais cet abandon constitue une renonciation tant à la propété indivise du mur qu'à celle du terrain qui lui sert d'assiette (Pardessus, n° 168 ; Angers, 12 mars 1847. D 47.2.65. ; Bordeaux, 14 juin 1855. D. 56.2.153).

Elle a donc eu pour effet de déplacer la ligne séparative de la demi-épaisseur du mur.

Le pan qui était auparavant édifié à l'intérieur de la propriété se trouve, après cet abandon, au long de la ligne séparative.

* * *

La même situation peut se présenter dans les circonstances examinées aux deux paragraphes précédents.

Nous y avons supposé qu'un propriétaire élève un pan de fer ou de béton contre un mur privatif ou mitoyen établi, suivant les cas, au long ou sur la ligne séparative, et que l'autre démolit ce mur pour ses besoins personnels.

Supposons également qu'il édifie à son tour sur le même emplacement un pan de fer ou de béton.

Celui-ci se trouvera donc soit au long, soit sur la ligne séparative.

Si le voisin, propriétaire privatif du premier pan, le supprime, il joindra alors au second ou même le rencontrera sur son terrain ; il pourra donc exiger l'acquisition de sa mitoyenneté.

Pour éviter les difficultés qui résulteraient de cet état de choses, chaque voisin n'aura d'autre ressource, sauf naturellement accord spécial entre les intéressés, que de se reculer de quelques centimètres de la limite des propriétés.

Il s'en suivra nécessairement la création d'un couloir étroit tout à fait inutile entre chaque mur, entraînant un gaspillage de terrain, mais que motivent les termes actuels de la loi.

Nous avons envisagé l'utilisation du fer ou du béton dans des pans, que nous avons montré incompatibles avec les règles actuelles de la mitoyenneté.

Mais ces matériaux peuvent recevoir d'autres emplois, que nous examinerons en matière de :

1º SURÉLÉVATION ;

2º ENFONCEMENTS.

DEUXIÈME PARTIE

SURÉLÉVATION

1º La surélévation telle qu'elle résulte du Code.
2º Quelques procédés d'utilisation du fer et du béton en matière
de surélévation.

La surélévation telle qu'elle résulte du Code.

L'article 658 du Code civil est ainsi conçu :

« Tout copropriétaire peut faire exhausser le mur mitoyen ;
mais il doit payer seul la dépense de l'exhaussement, les réparations d'entretien au-dessus de la hauteur de la clôture
commune, et en outre l'indemnité de la charge en raison de
l'exhaussement et suivant la valeur. »

et l'article 659 ajoute :

« Si le mur mitoyen n'est pas en état de supporter l'exhaussement, celui qui veut l'exhausser doit le faire reconstruire
en entier à ses frais, et l'excédent d'épaisseur doit se prendre
de son côté. »

Ces articles sont la reproduction de l'article 195
de la Coutume de Paris, légèrement modifié.

« Il est loisible à un voisin, dit cet article, de hausser à
ses dépens le mur mitoyen d'entre lui et son voisin, si haut

que bon lui semble sans le consentement de son voisin, s'il n'y a titre contraire, en payant les charges ; pourvu toutefois que le mur soit suffisant pour porter le surhaussement et s'il n'est pas suffisant, il faut que celui qui veut rehausser le fasse fortifier et se doit prendre la plus forte épaisseur de son côté. »

Il résulte de ces dispositions un droit absolu pour chaque propriétaire.

La surélévation constitue un usage spécial du mur que le législateur a cru devoir réglementer et qui, par ailleurs, comme tous les droits reconnus aux copropriétaires d'un mur mitoyen, a pour limite le droit identique du voisin.

« C'est un principe général, dit Pothier, que la communauté d'une chose donne à chacun de ceux à qui elle appartient en commun le droit de s'en servir pour les usages auxquels elle est par sa nature destinée, avec ce tempérament, néanmoins, qu'il doit en user en bon père de famille, et de manière qu'il ne cause aucun préjudice à ceux avec qui la chose lui est commune et qu'il n'empêche point l'usage qu'ils en doivent pareillement avoir. » (*Contrat de Société*, n° 207).

(Dans le même sens spécialement en matière d'exhaussement, Cass., 11 avril 1864. D. 64.1.219.)

Mais ce sont les seules limites au droit de celui qui exhausse.

Aucune autre restriction ou obligation ne saurait lui être imposée.

C'est ainsi notamment qu'effectuant une surélévation dans son intérêt personnel, il n'a pas à tenir compte de l'acquisition que pourrait éventuellement

en faire le voisin dans les conditions de l'article 660
et lui donner une épaisseur suffisante à cet effet.

« Tout copropriétaire d'un mur mitoyen, dit la Cour de
cassation, peut l'exhausser à son gré sans autre obligation
que celle de supporter seul la dépense de construction et
d'entretien de l'exhaussement, et de payer l'indemnité de
surcharge. L'autre copropriétaire qui se trouve en présence
d'une partie de mur déjà élevée sur le mur mitoyen et
insuffisante pour les constructions qu'il se propose à son tour
d'élever doit également supporter seul les frais de démolition et de reconstruction de cette partie surélevée, sans pouvoir mettre à la charge de son copropriétaire les frais de
démolition et la moitié des frais de reconstruction. » (Cass.,
18 août 1874. S. 74.1.461.)

Il en résulte que celui qui utilise le mur en
l'exhaussant n'est tenu de donner à la partie surélevée que la consistance et l'épaisseur suffisante pour
l'usage qu'il en veut faire.

Cette épaisseur pourra donc être inférieure à celle
du mur (T. C. Lyon, 23 décembre 1886, cité par
Masselin, *Murs mitoyens*, § 39, n° 447. Cass., 2 juillet 1895. S.95.1.445 ; Masselin, *Revue décennale*
contenant la jurisprudence nouvelle de 1888 à 1898,
n° 653, § 2 ; Cass., 18 août 1874. S. 74.1.461 : Besançon, 9 janvier 1909. *Recueil juridique C. M.*,
avril 1925).

La surélévation peut également être faite en matériaux différents de ceux de la partie inférieure et
mitoyenne. (Cass., 2 juillet 1895 ; Besançon, 9 janvier 1909, précités).

La question de savoir si la surélévation doit être faite dans l'axe du mur donne lieu à controverse.

« Si l'exhaussement est placé d'un côté du mur, dit Masselin, c'est-à-dire sur la moitié seulement de son épaisseur, ce mode de construction aura un double inconvénient : d'une part, faire porter inégalement sur le mur le poids du bâtiment ou de la surélévation quelconque qu'on lui impose, ce qui tendra nécessairement à faire bomber et déverser le mur, et d'autre part, de gêner le droit qui appartient au voisin de faire exhausser le mur dans toute son épaisseur. » (Voir en ce sens Demolombe, XI, n° 4o3; *Manuel des Lois du bâtiment*, sous l'article 658; Ravon et Collet-Corbinière, *Dictionnaire de la propriété bâtie*, au mot : *Mur mitoyen*, n° 3a; Perrin et Rendu, *Dictionnaire des constructions*, *Murs mitoyens*, n° 2985; Frémy-Ligneville, t. II, n° 54i; Masselin, *Mur mitoyen*, n° 448. *Revue décennale* contenant la jurisprudence de 1888 à 1898, n° 653, § 2; Desgodets, *Sur art. 196 de la Coutume*; Lepage, *Lois des bâtiments*, t. I, p. 7i.)

La dernière objection de Masselin nous paraît dès à présent devoir être écartée. Que la surélévation soit ou non assise dans l'axe du mur, il faudra que le voisin la démolisse et reconstruise s'il la trouve insuffisante pour son usage personnel.

Ce n'est pas le fait de l'édification en dehors de l'axe du mur qui fait obstacle à un exhaussement de sa part dans toute l'épaisseur de ce mur, mais bien la présence de la surélévation elle-même, sans qu'il soit question de son assise.

La première objection est plus sérieuse.

La surélévation, peut-on dire, constitue un usage

du mur, et cette utilisation de la chose commune doit être faite « en bon père de famille », selon l'expression de Pothier.

En conséquence, elle ne saurait être la cause d'une usure prématurée.

Les techniciens seront unanimes à déclarer que notre surélévation est contraire aux règles de la bonne construction. Cependant, au point de vue juridique, l'avis des auteurs précités ne nous paraît pas exact.

L'article 658 ne prescrit en aucune façon le mode de construction du mur surélevé et n'oblige le propriétaire à supporter que la dépense de l'exhaussement et les frais d'entretien.

Aucune restriction n'est apportée à cet usage du mur.

« L'exercice de ce droit n'a d'autre limite que l'obligation imposée par la loi commune d'en user de manière à ne porter aucune atteinte aux droits que peuvent conférer au voisin l'usage réciproque de la mitoyenneté ou l'existence d'une servitude qui lui serait légitimement acquise.» (Cass., 11 avril 1864. D. 64.1.219.)

Par contre, l'article 658 prévoit que le voisin qui exhausse devra supporter « l'indemnité de la charge en raison de l'exhaussement, et suivant la valeur ».

La surélévation apportera, en effet, au mur commun, une fatigue nouvelle susceptible d'en abréger la durée. Le voisin subira de ce fait un certain préjudice et cet article tend à le compenser pécuniairement.

L'indemnité variera donc avec l'exhaussement et sera d'autant plus élevée que la surcharge sera plus considérable ou dommageable au mur inférieur.

Si elle est édifiée de telle façon qu'elle cause à ce mur une fatigue exceptionnelle et lui apporte par suite une usure plus rapide, son propriétaire devra verser au voisin une indemnité correspondante au préjudice qu'il lui occasionne.

Le mur n'a pas été construit pour être surélevé ; l'auteur de l'exhaussement doit indemniser son voisin, proportionnellement au préjudice que celui-ci éprouve par la diminution de durée du mur, qui variera avec les circonstances.

Ainsi donc, juridiquement, rien ne fait obstacle à ce que le mur soit surélevé en désaxant.

La jurisprudence est divisée sur ce point. Dans le sens de la nécessité de surélever dans l'axe (Bordeaux, 11 déc. 1844. S. 45.1.523. T. C. Seine, 8 déc. 1877 cité par Masselin, *Murs mitoyens*).

En sens contraire : Cass., 18 août 1874. S. 74.1. 461 ; Toulouse, 21 août 1884. *Gazette du Palais*, 85.1. 147 ; Paris, 27 février 1890. *Revue du Contentieux des Travaux Publics*, t. IX, p. 454. Poitiers, 4 avril 1892, d°, t. XI, p. 289. *Gazette du Palais*, 92.1.669 ; Toulouse, 30 avril 1904. *Gazette des Tribunaux Midi*, 12 juin 1904 ; Lyon, 6 mai 1906. *Bulletin des Architectes*, D. P. L. G., 1908, 79 ; Besançon, 9 janvier 1909. *Rec. juridique de la Construction Moderne*, avril 1925.

*
* *

La question s'est posée de savoir si l'article 662 du Code civil ne serait pas applicable en cette matière.

Cet article est en effet ainsi conçu :

« L'un des voisins ne peut pratiquer dans le corps d'un mur mitoyen aucun enfoncement, ni y appliquer ou appuyer aucun ouvrage, sans le consentement de l'autre, ou sans avoir, à son refus, fait régler par experts les moyens nécessaires pour que le nouvel ouvrage ne soit pas nuisible aux droits de l'autre. »

Il tend à obliger chaque propriétaire à ne rien faire dans le mur qui puisse nuire à sa solidité, sans le consentement du voisin, ou à défaut, sans l'assentiment d'experts qui diront les précautions à prendre pour sauvegarder les droits de ce dernier.

Il a donc une portée générale et sa rédaction même, qui prévoit les enfoncements et les ouvrages à appuyer ou appliquer, témoigne de la large interprétation à lui donner.

Dans ces conditions, certains auteurs ont pensé qu'il s'appliquait à tous les ouvrages susceptibles d'être pratiqués dans ou sur le mur. Si l'accord du voisin ou une expertise sont nécessaires pour de simples enfoncements, il doit *a fortiori* en être de même pour une surélévation.

Les articles 658 et 659 fixeraient donc des conditions spéciales à la surélévation, laquelle en trerait, en outre, dans le cadre général de l'article 662.

Dans ce sens : Masselin, *Revue décennale*, nº 653 ; Frémy Ligneville, ii, nº 531 ; Aubry et Rau, ii, § 222, nº 32 ; Demolombe, XI, 416.

Cependant, le système contraire a prévalu en jurisprudence.

Nous avons vu précédemment que celle-ci reconnaît à chaque propriétaire le droit absolu d'effectuer une surélévation dans les conditions qui lui conviennent, voire même en utilisant un mode de construction défectueux, réprouvé des techniciens.

La suite logique de ce système conduit à écarter l'application de l'article 662.

Telle est, en effet, l'opinion de la Cour de Cassation.

« Attendu, dit-elle, que le propriétaire qui veut exhausser le mur mitoyen n'est tenu que des obligations que les articles 658 et 659 lui imposent, mais qu'il n'est nullement obligé d'obtenir au préalable le consentement du voisin ou, à son refus, de faire déterminer par experts les moyens nécessaires pour que les nouveaux ouvrages ne soient pas nuisibles aux droits de l'autre copropriétaire » (Requêtes, 18 avril 1866. S. 66.1.430).

Dans le même sens : Cass., 11 avril 1864. S. 64.1.165 ; Cass., 28 août 1874. S. 74.1.461 ; Besançon, 9 janvier 1909. *Recueil juridique de la construction moderne*, avril 1925 ; Nancy, 20 mai 1882. *Gaz. Palais*, 83.1.186 ; *Manuel juridique de la propriété bâtie*, p. 214).

Masselin résume ainsi les droits et obligations de celui qui veut exhausser, tels qu'ils résultent de la jurisprudence.

« 1° Tout d'abord, si le mur séparatif n'est pas mitoyen, il doit acquérir la mitoyenneté des parties à surélever ;

2o Ensuite et comme question de convenance seulement, il doit prévenir le voisin de son intention d'exhausser ;

3o Il doit s'assurer si le voisin entend participer aux frais d'exhaussement comme ayant l'intention d'en faire usage ;

4° Si le voisin n'a pas l'intention de rendre mitoyenne la partie à surélever, celui qui exhausse a le droit d'employer les matériaux qui lui conviennent, de donner à l'exhaussement l'épaisseur que bon lui semble pourvu que, et c'est là une condition *sine qua non* : 1° de ne porter aucune atteinte à la propriété du voisin ; 2° de ne causer aucun dommage à la propriété du voisin ; 3° de payer l'indemnité de surcharge ; et 4° de ne pas abréger plus que d'une façon normale et régulière, la durée de la partie basse du mur (Masselin, *Revue décennale*). »

Par conséquent, si la partie basse ne peut *normalement* supporter l'exhaussement, c'est à celui qui exhausse à faire toutes reprises et consolidations nécessaires, voire même à supporter, seul, les frais de démolition et reconstruction.

** * **

Après ce bref rappel des principes qui régissent l'exhaussement, examinons leur application à notre matière.

Quelques procédés d'utilisation du fer et du béton en matière de surélévation.

L'introduction de ces matériaux dans la surélévation d'un mur a généralement pour but de répartir, diminuer, ou même supprimer la charge qui résulterait pour lui de cette surélévation.

Il peut être en bon état mais incapable de recevoir une surcharge en raison de sa constitution ou de sa faible épaisseur : ou bien, ayant une épaisseur suffisante, sa vétusté lui interdit toute surcharge, ou encore ne la lui permet que dans une mesure tout à fait réduite.

Nous avons vu précédemment que si le mur est suffisant pour l'un des voisins et insuffisant pour l'autre, sa démolition et sa reconstruction incombent à ce dernier (art. 659 C. C.).

Cette démolition risque de s'accompagner de difficultés avec le voisin, voire même d'indemnités à lui verser au cas, par exemple, de retards dans les travaux de reconstruction.

Le constructeur cherchera dans la mesure du possible à les éviter et, à cet effet, tentera de consolider le mur existant ou de lui éviter toute fatigue supplémentaire.

Le fer et le béton le lui permettent. Quelques exemples poseront la question.

*
* *

A) Le constructeur édifie sur sa propriété et au long du mur mitoyen, des poteaux en béton armé. A hauteur du faît du mur, préalablement rendu horizontal soit par un arasement, soit par une surélévation des parties inclinées, des consoles, toujours en béton armé et solidaires de chaque poteau, viennent soutenir une poutre couvrant le mur ainsi aménagé, sur tout ou partie de son épaisseur.

Cette poutre sert d'appui à un nouveau mur en maçonnerie superposé au premier dont il constitue la surélévation et auquel il n'apporte aucune surcharge ; son poids, en effet, repose sur la poutre qui, elle-même, trouve son appui sur les poteaux qui la soutiennent.

Ce procédé est-il compatible avec les règles de la mitoyenneté ?

L'article 660 permet au voisin l'acquisition de la mitoyenneté de l'exhaussement comme l'article 661 lui permet celle du mur.

Comme ce dernier, l'exhaussement doit donc être constitué de matériaux compatibles avec cette acquisition éventuelle c'est-à-dire permettant soit une utilisation directe par le voisin, soit leur remplacement par un autre mur que celui-ci édifiera, sans que, dans l'un ou l'autre cas, il rencontre un obstacle quelconque à ces utilisation ou sustitution.

Dans quelle mesure le constructeur de la poutre et de la maçonnerie qu'elle soutient a-t-il tenu compte de cette nécessité ?

En outre, l'exhausseur pouvait-il se soustraire à la démolition du mur insuffisant et à sa reconstruction dans les conditions de l'article 659.

***

Sur ce dernier point, l'article 659 est très net : Si le mur est insuffisant, celui qui exhausse doit le démolir et reconstruire à ses frais, en prenant l'excédent d'épaisseur de son côté.

L'article 195 de la Coutume de Paris n'obligeait pas à cette reconstruction mais autorisait une simple consolidation.

Cette latitude est disparue dans le Code civil.

Doit-on en déduire l'impossibilité de procéder à la consolidation du mur.

Un jugement du Tribunal de Fontainebleau du 16 mai 1888, cité par Masselin, *Revue décennale*, accepte cette conséquence.

« Le copropriétaire d'un mur mitoyen qui exhausse n'est certainement pas tenu de donner au mur reconstruit, plus de solidité que n'en comporte son exhaussement, mais il ne saurait par un artifice, échapper à l'obligation de reconstruire le mur et en laisser la charge à l'autre copropriétaire pour le cas où celui-ci voulant bâtir aurait besoin d'un mur dans les dimensions normales d'un mur exhaussé ».

Cette opinion nous paraît cependant donner une interprétation trop restrictive de la loi.

Le mur, en effet, ne doit être démoli que s'il est incapable de supporter la charge, c'est-à-dire s'il est incapable de satisfaire à l'usage normal qu'en veut faire un propriétaire.

S'il peut être conservé, l'article 658 impose seulement au constructeur le paiement d'une indemnité dite de surcharge.

Les dispositions des deux articles 658 et 659 sont de même nature; elles sont motivées par l'idée d'in-

demniser le voisin, préalablement à toute entreprise, du préjudice à déterminer qu'il éprouvera
par le fait du nouvel ouvrage.

Dans le premier cas, le mur existant serait encore
capable de servir mais le constructeur, qui veut un
mur plus élevé, plus important, dans son intérêt
exclusif, ne pourrait l'utiliser sans entraîner sa ruine
immédiate et causer ainsi préjudice à son voisin ; la
reconstruction constitue une indemnisation préven-
tive en nature qui l'exonère de toute indemnité pé-
cuniaire. Le voisin bénéficie d'un mur neuf aux lieu
et place d'un mur vétuste.

Dans le deuxième cas, le caractère d'indemnité
de la surcharge n'est contesté par personne, ainsi
que nous l'avons vu précédemment (voir p. 87).

Si le constructeur parvient, par un moyen quelconque, à éviter toute fatigue au mur, celui-ci
reste suffisant, sa démolition n'est plus nécessaire,
et le préjudice subi par le voisin se trouve, par ce
fait même, réduit, voire supprimé.

La loi ne crée pas, contrairement à ce que déclare
le jugement de Fontainebleau précité, « une obligation au bénéfice de l'autre propriétaire » condui-
sant nécessairement le constructeur à démolir le
mur s'il ne peut éviter, que par un artifice, la surcharge qui entraînerait sa ruine.

Le Tribunal estime, en effet, que le constructeur
« ne saurait ainsi échapper à l'obligation de reconstruire le mur et en laisser la charge à l'autre
copropriétaire, pour le cas où celui-ci voulant bâtir

aurait besoin d'un mur dans les dimensions normales d'un mur exhaussé ».

La question se pose peut-être de savoir dans quelle mesure le moyen employé est, par lui-même, compatible avec les règles de la mitoyenneté, mais si cette compatibilité existe, le constructeur, en conservant le mur et en lui évitant toute surcharge ou ne lui apportant qu'une surcharge réduite, écarte ou restreint le préjudice à supporter par son voisin et ne lui devra, suivant les circonstances, aucune indemnité, ou simplement qu'une indemnité réduite.

Les tribunaux ont, pour la détermination de cette indemnité, un souverain pouvoir d'appréciation.

« D'ailleurs, dit la Cour de Cassation, les juges qui doivent, aux termes de l'article précité (art. 658) fixer l'indemnité de la charge à raison de l'exhaussement et suivant la valeur, doivent prendre en considération à cet égard les circonstances de fait, et c'est souverainement, dès lors, qu'ils apprécient qu'aucun droit additionnel de surcharge n'est dû lorsqu'ils déclarent en fait que, d'après la manière dont l'exhaussement est établi, la solidité et la durée du mur ne peuvent en rien être compromises » (Cass., 2 juillet 1895. *Gazette du Palais*, 95.11.277).

Ainsi donc, à notre avis, le propriétaire qui exhausse peut chercher à éviter la reconstruction du mur, en établissant sa surélévation de manière à réduire ou éviter toute surcharge au mur existant, s'il est en mauvais état.

Il ne nous appartient pas d'examiner les moyens à employer à cet effet, mais de voir si l'emploi du fer ou du béton est alors compatible avec les principes généraux de la mitoyenneté.

Plus spécialement, dans le cas présent, le constructeur a-t-il le droit de placer au-dessus du mur une poutre horizontale destinée à soutenir l'exhaussement.

Cette poutre est privative au propriétaire qui l'a construite ; elle lui appartient dans les mêmes conditions que l'exhaussement dont elle fait partie et qu'il avait le droit de composer de matériaux à sa convenance.

(Voir dans ce sens pour un poitrail en fer, Fontainebleau, précité.)

Supposons que le voisin veuille surélever à son tour, la poutre n'y fera-t-elle pas obstacle ?

Nous remarquerons que le mur n'a pas été, à proprement dire, surélevé.

En réalité, le constructeur a édifié, au-dessus et dans son prolongement, un second mur qui lui est privatif mais se trouve tout à fait indépendant du premier, la liaison entre les deux n'étant effectuée que par des raccords de maçonnerie.

Il existe verticalement deux propriétés différentes sans lien de l'une avec l'autre. La partie supérieure ne constitue donc pas un usage de la partie inférieure comme l'aurait été une surélévation établie dans les conditions envisagées par la loi. Elle est, au contraire, un ouvrage différent qui s'oppose à ce que cette partie inférieure représentant le mur mitoyen puisse être l'objet d'une surélévation quelconque.

R. Delage

Deux cas sont à envisager suivant que la partie supérieure est, par elle-même, susceptible ou non d'être utilisée par le voisin.

Dans la négative, la situation paraît simple à résoudre.

Le constructeur a édifié au-dessus du mur mitoyen un ouvrage qui fait obstacle à une surélévation de la part du voisin.

Cet ouvrage ne constitue pas, par lui-même, avons-nous dit, un exhaussement utilisant le mur inférieur, mais un ouvrage indépendant placé au-dessus de lui.

Sa présence est incompatible avec l'égalité qui se trouve à la base de la mitoyenneté.

Le voisin pourra donc en exiger la démolition. (Voir Cass., 1er juillet 1861. D.P. 62 1.138.)

Dans l'affirmative, le voisin se trouve en présence encore de deux murs superposés, mais tous deux susceptibles d'être utilisés pour lui.

On peut supposer en effet, que le constructeur, lors de sa surélévation, a établi des poteaux suffisamment forts pour servir d'appuis à un mur capable de supporter non seulement l'immeuble qu'il édifie mais encore un immeuble semblable que le voisin voudrait élever à son tour.

Sans doute, celui-ci peut-il ici encore, comme dans le cas précédent, prétendre que l'ouvrage supérieur s'oppose à la surélévation du mur mitoyen et en exiger la démolition ; mais ne serait-il pas possible au constructeur de soutenir que si, théoriquement, il existe bien deux ouvrages distincts et superposés, en fait, ceux-ci constituent un seul et même mur, l'isolement de la partie supérieure ne résultant que d'un procédé de construction destiné à soulager la partie mitoyenne ?

La partie inférieure a pu et peut encore être utilisée par les deux voisins. La partie supérieure est capable de supporter le bâtiment du nouveau constructeur qui n'apportera ainsi aucune surcharge au mur inférieur et s'évitera les frais d'une démolition. Le procédé employé lui procure donc également un réel avantage.

Il se trouve, en fait, en présence d'un mur qui réunit les qualités nécessaires d'un mur mitoyen et il n'a aucun intérêt à exiger la démolition de l'ouvrage supérieur, jusque-là privatif au voisin ; il peut au contraire, en acquérir la mitoyenneté dans les conditions de l'article 660, devenant ainsi en réalité copropriétaire d'un véritable exhaussement.

L'intérêt étant la mesure des actions, il doit donc être déclaré non recevable à exiger cette démolition.

Remarquons cependant qu'il existe, dans le corps du mur ainsi supposé, une poutre incompatible avec la mitoyenneté et dans laquelle, notamment, ainsi que nous le verrons plus loin, aucun enfoncement, aucune entaille ne peuvent être pratiqués.

L'acquéreur, si on lui conteste ainsi le droit de demander la suppression du mur supérieur, n'a-t-il pas celui d'exiger l'enlèvement de cette poutre avant d'effectuer son acquisition ?

Le constructeur ne peut-il au contraire, prétendre qu'il était libre d'établir son mur à sa convenance, d'y pratiquer tels ouvrages qu'il désirait, sans avoir égard aux besoins hypothétiques de son voisin. Si celui-ci veut acquérir la mitoyenneté du mur, il doit le prendre dans son état actuel, sauf au besoin à ce que le prix de cession soit diminué en raison de l'usage réduit dont il est susceptible pour lui.

D'une manière plus générale, l'acquéreur a-t-il le droit d'exiger de son voisin la suppression des ouvrages que celui-ci a exécuté dans le mur alors qu'il lui était privatif ?

Cette question vivement controversée en doctrine et en jurisprudence semble maintenant à peu près résolue.

Son examen dépasserait le cadre de notre étude ; rappelons-la brièvement.

Les anciens auteurs et, avec eux, une partie de la jurisprudence, estimaient que le propriétaire d'un mur privatif peut l'utiliser à sa convenance ; notamment, il n'a pas à rechercher si les ouvrages qu'il appuie ou encastre entraveront l'exercice futur des droits de mitoyenneté du voisin.

Celui-ci se trouvera en présence d'un mur ayant reçu une certaine utilisation et c'est ce mur tel qu'il existe, avec tous les ouvrages qu'il contient ou supporte, qui devra être acquis.

Le prix de vente sera établi en conséquence ; si

l'acquéreur estime ne pouvoir l'utiliser dans l'état où il se trouve, il lui reste la ressource d'en construire un autre.

Telle est déjà l'opinion de Goupy commentant Desgodets (sur art. 208, n° 7).

Au sujet d'enfoncement de solive, Goupy écrit :

« Le premier qui a bâti était seul propriétaire de ce mur ; par conséquent, il pouvait en disposer comme de chose lui appartenant, et en user comme bon lui semblerait, pourvu que la solidité ne fut point intéressée. Le second veut ensuite se rendre ce mur commun et mitoyen ; la coutume lui permettant de le faire, le premier ne peut le refuser mais on ne peut l'engager d'en céder la mitoyenneté que dans l'état où il est ».

Pourtant Goupy pose déjà la controverse :

La seule raison, poursuit-il, que le second pourrait alléguer, ce serait que, quoiqu'un particulier bâtisse un mur à ses dépens seuls, il doit observer les règlements de l'art de bâtir et considérer ce mur comme pouvant un jour devenir mitoyen, le voisin ayant cette faculté toutes les fois qu'il le souhaite, surtout en bâtissant. »

Cependant, il se rallie à l'autre opinion.

« Malgré ces raisons, mon avis serait qu'on ne pourrait contraindre ce voisin de retirer les solives de ses planchers hors ledit mur, par le tort que cela pourrait faire à ce mur par leurs descellements. »

Desgodets est aussi formel.

Plus récemment, Masselin soutient cette même opinion :

« De ce que l'on possède une servitude facultative d'acquisition sur une chose, peut-on conclure que l'on possède un droit sur cette chose avant d'avoir exercé la faculté d'acquérir la mitoyenneté ?

« Evidemment non. Le droit ne ressort que de l'exercice de la servitude d'acquisition, puisque le droit n'est qu'éventuel, puisque précisément la faculté accordée par la loi est relative à l'acquisition de ce droit ; en conséquence, si le propriétaire voisin ne possède aucun droit tant qu'il n'a pas usé de la faculté d'acquisition, à quel titre peut-il critiquer légalement la construction d'un mur fait par le voisin alors que celui-ci a pu exercer son droit de propriété dans le sens de l'article 544... » (*Revue décennale* contenant la jurisprudence de 1888 à 1898, n° 835).

Me Flamand, avocat de la Chambre syndicale de Maçonnerie partageait cet avis.

« Lorsque le voisin était propriétaire exclusif du mur, il avait, à la condition de respecter les règlements administratifs, toute liberté ; or, l'article 661 permet bien au voisin d'acquérir la mitoyenneté du mur, mais du mur dans son état actuel, tel qu'il est.

« Soutenir le contraire, serait en réalité, prétendre que le propriétaire exclusif d'un mur ne peut avoir d'autres droits sur le mur que si celui-ci était déjà mitoyen. »

Telle sera cependant la conclusion de la jurisprudence et des auteurs modernes.

Certains arrêts avaient auparavant adopté l'opinion qui vient d'être exposée, notamment Poitiers, 28 décembre 1841. Dev. 1842. II. 464.

Voir également :

« L'arrêt a pu décider sans contrevenir à aucune loi, que le demandeur n'avait pas le droit d'exiger la suppression de ces travaux, soit parce qu'étant devenu acquéreur de la mitoyenneté du mur à une époque où les travaux dont il se plaint avaient déjà été opérés par le locataire de son vendeur, il avait dû prendre les choses dans l'état où elles se trouvaient, soit parce qu'il ne résultait pas de ces travaux un préjudice qui l'autorisait à en demander la suppression » (Réq., 7 janvier 1845. D.P.45.1.81 et le rapport de M. le conseiller Mesnard ; de même Bourges, 19 février 1872. D. P. 72.11.123).

Il importe de remarquer toutefois que, quel que soit l'absolutisme de cette opinion, l'arrêt de Bourges admet cette atténuation que les ouvrages du constructeur doivent être considérés comme définitifs,

« à moins que par leur nature et leurs conséquences, ils ne « soient incompatibles avec le caractère même de la mitoyen-« neté. C'est ainsi, dit l'arrêt, qu'il a été très sagement décidé « que des jours, des gouttières qui opposaient un obstacle « absolu à l'exécution des droits et devoirs de la mitoyenneté « devaient être supprimés. » (Dans le même sens, Masselin, *Revue décennale de jurisprudence* de 1888 à 1898, § 8, n° 588).

Dans ces conditions, la question se pose de savoir si un ouvrage est compatible ou non avec les règles de la mitoyenneté pour décider du droit de l'acquéreur d'en exiger la suppression.

Si l'ouvrage ne constitue qu'une gêne dans l'exercice de ces droits de mitoyenneté (notamment cheminées encastrées) le voisin doit le conserver ; si, au contraire, il est incompatible avec l'exercice de ces mêmes droits, il a la possibilité d'en exiger l'enlèvement.

Cette opinion n'a pas prévalu en doctrine ni en jurisprudence, laquelle, plus encore peut-être que la doctrine, tend à reconnaître à l'acquéreur un droit absolu.

Telle nous paraît également devoir être l'application rigoureuse des règles de la mitoyenneté.

Nous avons montré l'égalité constante que la loi entend maintenir entre chaque propriétaire dans l'exercice des droits qu'elle leur reconnaît.

Il en résulte qu'un propriétaire construisant un mur sur la limite de sa propriété ne doit pas, en raison de la possibilité d'acquisition laissée à son voisin par l'article 661, préjudicier par des ouvrages quelconques à l'égalité qui devra exister entre eux après cette acquisition.

A ce moment, le mur sera l'objet d'une copropriété indivise et égale de chaque voisin ; il devra pour chacun être susceptible d'une même utilité ; c'est donc à ses risques et périls que le constructeur compromet, par ses ouvrages, cette égalité future, et ceux-ci ne peuvent avoir qu'une existence précaire jusqu'au moment où le voisin en exigera la suppression.

Demolombe partage cette opinion. Au sujet des jours de souffrance, il écrit :

« Le législateur, en autorisant le propriétaire joignant au mur à en acquérir la mitoyenneté, a voulu par des considérations tout à la fois d'intérêt privé et d'intérêt public que ce propriétaire ne fut pas obligé, pour être lui-même tout à fait clos, d'adosser mur contre mur, ou de laisser un espace de terrain perdu entre le mur du voisin et celui qu'il aurait été lui-même obligé de construire si l'article 661 n'existait pas. »

« Or, ce vœu du législateur serait trompé si le propriétaire qui achète la mitoyenneté n'était pas, après cela, tout à fait chez lui à l'abri des regards du voisin ; il est clair en effet que si le mur devenu mitoyen ne lui sert pas sous ce rapport comme un mur qui lui serait propre, il bâtira mur contre mur. »

« Donc, le législateur, pour atteindre efficacement le but qu'il se proposait, a dû vouloir que les deux voisins, une fois la mitoyenneté acquise, fussent désormais sur un pied complet d'égalité et que celui qui a payé cette mitoyenneté acquit tous les droits que la mitoyenneté confère. Et il ne serait pas juste, en effet, que l'ancien propriétaire, qui a reçu le prix de la moitié du mur, conservât néanmoins encore des droits qui ne peuvent résulter que d'une propriété exclusive et d'un usage privatif » (nº 370).

Les motifs invoqués par Demolombe s'appliquent aussi bien aux jours qu'aux ouvrages incorporés dans le mur.

Aubry et Rau sont aussi formels (t. II, § 222, p. 431, 4ᵉ édition et note).

Dans le même sens également (Delvincourt, t. I, p. 160, note 8 ; Durantou, t. V, nº 325 ; Pardessus, *Serv.*, nº 211 ; Marcadé, *Sur l'art. 675 du Code Napoléon* ; Solon, *Cod.*, nº 142 ; Rolland de Villargnes, *Rép.* vº *Mitoyenneté*, nº 57 ; Duvergier sur Toullier, t. II, nº 527, note *a*.

Les arrêts qui adoptent cette opinion et qui constituent la majorité, sont particulièrement nets :

« Considérant que l'article 661 précité accorde à tout propriétaire joignant au mur la faculté de le rendre mitoyen ;

que l'existence de cette restriction au droit de propriété
enlève au constructeur du mur la liberté de l'établir comme
il l'entend et qu'il ne peut s'affranchir qu'à ses risques et
périls des règles qui régissent la mitoyenneté ; que l'acquisition de celle-ci a pour conséquence de constituer une copropriété entre les deux voisins et de les placer sur un
pied de complète égalité ; que l'un pouvant, par ses travaux,
nuire à l'autre, l'acquéreur de la mitoyenneté est en droit
d'exiger que sa part de propriété lui soit remise entière et
que le mur soit placé dans l'état où il aurait dû être construit eu égard à la charge éventuelle qui le grève ; que s'il
en était autrement, le but d'utilité générale et d'intérêt privé
qui a dicté les règles de la mitoyenneté ne serait qu'impar-
faitement atteint. »

(Cass. Belgique, 18 octobre 1883 et la note. S. 86.4.13).

Dans le même sens : Cass., 1er juillet 1861, D.P. 1862.
1.138 et auparavant, arrêt du 12 juillet 1670 cité par Goupy,
note F sous Desgodets, *Sur art. 200*, n° 19. Civ. réj., 1er déc.
1813. S. 1814.1.95 ; Toulouse, 28 décembre 1832. D. 33.
2.171 ; Paris, 18 juin 1836. D. 36.2.137 ; Toulouse, 8 février 1844. D. 44.2.18 ; Caen, 17 mars 1849, cité par
Demolombe, *Serv.*, t. I, n° 370. Civ., 3 juin 1850. D. P.
50.1.185 et le commentaire du pourvoi.

Postérieurement, voir Paris, 24 janvier 1863, cité par Masselin, *Revue décennale*, n° 835. Note sous Réq., 15 juillet
1875. D. P. 76.1.151. Cass. Belgique précité.

Enfin, dans un arrêt du 11 mai 1925, la Chambre
civile de la Cour de cassation confirme sa jurisprudence ; cet arrêt se passe de tout commentaire :

« Attendu que l'article 661 du Code Civil en accordant au
propriétaire joignant un mur, la faculté de le rendre mitoyen,
crée, en sa faveur, un droit dont l'exercice, bien que faculta-
tif, n'est limité par aucune restriction et a pour effet de trans-
férer à celui qui veut s'en prévaloir, la jouissance pleine et

entière de tous les droits que la loi attribue à la mitoyenneté. »

« Que la conséquence essentielle de la mitoyenneté du mur est de constituer une copropriété de ce mur sur le titre de l'acquéreur et du vendeur, d'établir entre eux une parfaite égalité et de faire cesser tous les faits de propriété exclusive, qui, quoique exécutés par les vendeurs avant la cession de la mitoyenneté, n'en sont pas moins demeurés subordonnés à l'exercice possible du droit de mitoyenneté. »

« Attendu que l'association reconnue d'utilité publique, dite fondation de Rotschild, ayant manifesté sa volonté d'acquérir la mitoyenneté du mur qui séparait ses immeubles d'une maison appartenant à Schneider, a demandé que ce dernier fut tenu de procéder à la démolition des conduits de cheminées pratiqués dans l'entière épaisseur du mur. »

« Attendu que la décision attaquée a refusé cette prétention, par le motif que la fondation Rotschild ne justifiait pas d'intérêt sérieux et actuel. »

« Mais attendu que la faculté d'acquérir la mitoyenneté, avec toutes les conséquences légales qu'elle comporte, est absolue ; que l'article 661 du Code Civil impose seulement l'obligation de payer au maître du mur la moitié de sa valeur et la moitié de la valeur du sol sur lequel il est bâti ; que l'exercice du droit n'est pas soumis à d'autres conditions et que, notamment l'acquéreur n'est tenu de justifier d'aucun intérêt... »

En reconnaissant le caractère absolu du droit de l'acquéreur, la Cour précise que celui-ci n'est tenu de justifier d'aucun intérêt pour son exercice.

Elle répond ainsi au tempérament admis par certains auteurs à l'absolutisme des règles de la mitoyenneté et que synthétisait Masselin à l'occasion des conduits de fumée incorporés :

« En résumé et pour conclure, écrit-il, nous dirons qu'il faut admettre en principe :

« 1º Que le voisin acquéreur de la mitoyenneté n'a pas le droit, par cela seul qu'il achète la mitoyenneté, de faire supprimer les tuyaux de fumée en se bornant à invoquer ce fait qu'ils ont été installés sans son consentement dans le mur séparatif.

« 2º Mais que la priorité de l'installation ne crée au profit de celui qui l'a faite aucun droit privatif, aucun droit de servitude.

« 3º Et qu'il suffit que l'installation de ces tuyaux cause la moindre gêne au voisin, qu'elle entrave le moins du monde sa propre installation ou sa construction pour qu'il la fasse supprimer (*Revue décennale*, nº 835).

La Cour de cassation, dans l'arrêt précité, repousse cette atténuation au droit de l'acquéreur.

Son opinion est donc très nette.

* * *

Cette controverse rappelée, le sort réservé à la poutre, dans le cas particulier qui nous intéresse, ne peut faire aucun doute.

Si on admet que l'ensemble des deux murs superposés, peut être considéré comme un mur unique, elle constitue un ouvrage encastré par un des propriétaires, qui s'oppose à l'exercice de certains droits de mitoyenneté du voisin.

L'opinion dominante autorise donc celui-ci à en demander la suppression avant toute acquisition.

*
* *

En résumé, dans les deux cas envisagés, c'est-à-dire suivant que le mur privatif, édifié au-dessus du mitoyen, est incapable ou non d'être utilisé par le voisin, celui-ci a, pour des motifs différents, le droit de demander la suppression de la poutre qui sert de support à ce mur.

Nous avons dit, dans la première hypothèse, que le voisin peut exiger la démolition du mur supérieur. Mais en fait, c'est moins la présence du mur lui-même que celle de la poutre qui constitue le réel obstacle à la surélévation, et le constructeur satisfera aux règles de la mitoyenneté en ne supprimant que cette poutre et faisant reposer son mur privatif sur le mur mitoyen, dont il constituera alors la surélévation.

Dans les deux cas, la démolition et reconstruction du mur inférieur supposé insuffisant pour supporter l'exhaussement deviendront ainsi nécessaires.

La solution adoptée n'aura donc eu d'autre effet que de retarder, pour le constructeur, la dépense qui doit en résulter.

Il devra aménager le mur mitoyen et son exhaussement de telle sorte que ni l'un ni l'autre ne fasse plus obstacle et n'apporte aucune gêne à l'exercice des droits du voisin.

Si celui-ci estime le mur inférieur insuffisant pour supporter tant la surélévation de son voisin que celle qu'il envisage, il pourra, en participant aux frais de sa reconstruction, faire édifier immédiatement un ensemble suffisamment solide pour l'usage commun, mais il n'en reste pas moins que le principe subsiste et que, sauf cette exception, le constructeur de la poutre aura seul à supporter tous les frais occasionnés par la reconstruction du mur inférieur.

** **

B) Au lieu de placer une poutre au-dessus du mur mitoyen pour servir d'assiette à la surélévation, on peut supposer que le premier propriétaire ayant besoin d'un mur plus élevé que le mur mitoyen, édifie au-dessus un pan de béton ou de fer.

Le mur inférieur lui sert de clôture jusqu'à l'héberge.

Nous avons vu précédemment l'incompatibilité du pan de ciment ou de fer avec les règles de la mitoyenneté (Voir page 37 et suivantes).

D'autre part, les objections qui, en matière d'exhaussement, s'élèvent contre la présence d'une poutre, s'appliquent *a fortiori*, lorsqu'il s'agit d'un pan de béton ou de fer.

Aucune discussion n'est ici possible et ce qui a été dit ci-dessus est suffisant, sans nouveau commentaire, pour en imposer le rejet. (Voir page 100 et suivantes.)

Sans aucun doute, le voisin aura le droit d'exiger la suppression de cet ouvrage.

* * *

C. — Un autre procédé pour soulager le mur inférieur a motivé, du Tribunal de Fontainebleau, le jugement du 16 juin 1888 dont il a été question précédemment (voir p. 94).

« Attendu, dit le jugement, que le mur mitoyen n'était pas en état de supporter l'exhaussement ; que Raffineau l'a tranché en trois endroits pour élever des piles en briques sur lesquelles il a appuyé un poitrail en fer à T portant tout le poids du pignon de sa maison ; qu'entre ses piles il a conservé l'ancien mur ; qu'il a procédé de même pour la construction du fournil... »

Et plus loin :

« Attendu que le poitrail du pignon du fournil est au contraire posé dans le mur mitoyen... »

En l'espèce, le propriétaire avait dérasé le mur et, après l'avoir tranché en plusieurs endroits pour y placer des piles en briques, avait fait reposer sur ces piles un poitrail en fer portant la surélévation.

On peut assimiler ce procédé à celui examiné ci-dessus de la poutre soutenue par des poteaux.

Cependant, dans le cas présent, des piles de briques encastrées dans le mur remplacent les poteaux, lesquels en outre, sont extérieurs au mur et indépendants de lui.

D'autre part, le mur a été dérasé pour poser le poitrail en fer, de sorte que celui-ci se trouve, dès l'origine, dans le mur mitoyen ; nous avions au contraire supposé la poutre au-dessus et indépendante du mur mitoyen de façon à ce que, pour combler le vide entre elle et le faît de ce mur, une surélévation, si minime fût-elle, était déjà nécessaire.

Remarquons d'ailleurs, qu'elle aurait pu, tout en conservant appui sur les poteaux, reposer sur le mur dérasé.

Sa situation eut été alors la même que celle du poitrail, les mêmes règles lui étant applicables.

Inversement, si le poitrail avait été placé au-dessus du mur mitoyen, sa situation, sous réserve de son appui, eut été identique à celle de notre poutre.

Le cas soumis au Tribunal de Fontainebleau soulève deux questions.

1º Le propriétaire qui surélève, a-t-il le droit de pratiquer dans le mur mitoyen des tranchées destinées à recevoir des piles de briques qui soutiendront le poitrail ?

2º Peut-il utiliser un poitrail en fer pour soutenir sa surélévation ?

Nous examinerons plus loin la première question.

La seconde appelle deux hypothèses :

a) L'ouvrage (la poutre ou le poitrail) est placé au-dessus du mur mitoyen.

b) Il est au contraire placé dans le mur mitoyen.

Dans le premier cas, il n'apporte aucune gêne aux droits actuels du voisin. La surélévation appartient exclusivement à un des propriétaires qui reste libre de l'édifier comme il l'entend, notamment en y incorporant tous matériaux à sa convenance (Voir p. 85 et Fontainebleau précité).

C'est seulement au jour où le voisin manifestera son intention soit d'exhausser, soit d'acquérir la mitoyenneté de l'exhaussement, que la difficulté apparaîtra et qu'il se verra dans l'obligation de faire disparaître sa poutre. Jusque-là, le voisin n'a aucune qualité pour en demander la suppression, le constructeur n'ayant fait qu'user de son droit de propriété. Mais le droit de propriété de l'un était ultérieurement susceptible de subir le droit de mitoyenneté de l'autre et le constructeur devait prévoir cette éventualité.

Jusque-là, il était maître de son mur, il ne l'est plus ensuite ; c'est pourquoi il est astreint à enlever l'ouvrage qui fait obstacle au droit latent du voisin, dès que celui-ci manifeste l'intention de s'en prévaloir.

Dans le deuxième cas, au contraire, l'ouvrage est, dès son origine, dans le mur mitoyen, ne serait-ce que sur une faible hauteur.

La question se pose ici dans des conditions différentes.

Il fait certainement obstacle à l'exhaussement futur du voisin, mais, par ailleurs, et dès sa pose, il gêne l'exercice des droits actuels de mitoyenneté de ce dernier.

On peut alors se demander si un propriétaire a le droit de placer dans un mur mitoyen un ouvrage de cette nature.

R. Delage   8

D'ores et déjà, il est certain que le voisin voulant surélever le mur ou utiliser la surélévation existante peut en exiger la suppression (voir p. 108). Mais sera-t-il tenu d'attendre ce moment ou ne pourra-t-il exiger cet enlèvement à uneé poque quelconque.

Nous examinerons ces différents points dans le paragraphe suivant, consacré aux enfoncements (p. 125 et suiv.).

TROISIÈME PARTIE

ENFONCEMENTS EN MUR MITOYEN

Enfoncements prévus par l'article 657. — Enfoncements prévus par l'article 662. — Enfoncements possibles du fer et du béton armé en mur mitoyen. — Enfoncements dans toute l'épaisseur du mur. — Poitrail en fer. — Enfoncements d'ouvrages en béton armé. — Enfoncements attenants ou non à l'immeuble voisin. — Enfoncements dans une partie de l'épaisseur du mur. — Ossature encastrée.

L'article 657 permet au copropriétaire d'un mur mitoyen de faire bâtir contre, et d'y enfoncer ses poutres et solives dans toute l'épaisseur, à 54 millimètres près, sauf la faculté pour le voisin de les faire réduire à l'ébauchoir jusqu'à la moitié du mur.

Par ailleurs, l'article 662 est ainsi conçu :

« L'un des voisins ne peut pratiquer dans le mur mitoyen aucun enfoncement, ni y appliquer ou appuyer aucun ouvrage sans le consentement de l'autre, ou sans avoir, à son refus, fait régler par experts les moyens nécessaires pour que le nouvel ouvrage ne soit pas nuisible aux droits de l'autre. »

La loi semble faire ici une distinction entre les divers enfoncements possibles.

Pourtant, si nous en croyons Demolombe, l'article 662 viserait tous les enfoncements, quels qu'ils soient, y compris ceux cités à l'article 657. Les poutres et solives n'auraient été mentionnées dans un article spécial que « parce que nos anciennes coutumes sont fort divergentes en ce qui concerne le placement des poutres et autres pièces de bois dans le mur mitoyen et que le nouveau législateur aura voulu mettre fin à la grande diversité des usages locaux sur ce point » (sur art. 662 n° 411).

Cette raison ne nous paraît pas suffisante.

La distinction était déjà faite dans les coutumes ; l'article 657 du Code correspond aux articles 207 et 208 de la Coutume de Paris tandis que l'article 662 en rappelle les articles 199, 203 et 204.

Le premier n'exige pas le consentement du voisin pour enfoncer des poutres ou solives ; le second, au contraire, impose ce consentement ou un règlement par experts des moyens propres à ce que l'ouvrage encastré ne porte pas atteinte à ses droits.

L'article 657 concerne, en effet, l'usage normal du mur : un propriétaire désireux de construire, acquiert la mitoyenneté d'un mur pour appuyer ses bâtiments contre lui et y enfoncer ses poutres et solives.

Cet article 657 précise les conditions que devront alors remplir les enfoncements qu'il prévoit pour que soient conservés les droits de mitoyenneté du voisin.

Il règlemente sur ce point spécial l'exercice de ceux du constructeur ; le mur est principalement destiné à servir d'appui à des constructions, les poutres et solives pourront être enfoncées dans toute l'épaisseur à 54 millimètres près, sauf à ce qu'elles soient réduites jusqu'à l'axe du mur si le voisin vient, de son côté, pratiquer les mêmes enfoncements, au même point.

Il n'est pas une modalité d'application de l'article 662.

Ce dernier, au contraire, vise les enfoncements de toute nature qui constituent un usage secondaire ou accessoire du mur.

La possibilité de les réaliser est subordonnée à sa capacité de les recevoir, et cette capacité est déterminée par la constatation que leur présence n'est pas nuisible aux droits du voisin.

S'il en est ainsi, celui-ci n'a aucune raison de ne pas donner son consentement et si, par malice, il le refuse, les experts diront les moyens de conserver les droits de chacun. Tel est le but de l'article 662.

Il est donc essentiellement relatif et les enfoncements possibles dépendront des circonstances.

L'article 657, au contraire, est absolu et s'applique en tout état de cause sans que jamais le constructeur ait à consulter son voisin sur ceux qu'il entend faire.

Examinons maintenant leur application en notre matière.

A. — Des enfoncements prévus
par l'article 657.

« Les poutres et les solives, dit cet article, peuvent être enfoncées à 54 millimètres près, sauf la faculté pour le voisin de les faire réduire à l'ébauchoir jusqu'à l'axe du mur.

Nos anciennes coutumes différaient entre elles quant au degré d'enfoncement permis.

Cette diversité montre comment, dans chaque région, on estimait conserver les droits de chaque voisin.

Le législateur du Code a réalisé l'unité.

L'art. 208 de la coutume de Paris autorisait jusqu'à l'axe du mur.

Nantes estimait que :

« Chacun peut le percer tout outre pour y asseoir poutres et solives, sauf à l'endroit des cheminées, et l'autre voisin ne peut mettre les siennes à l'endroit des premières. »

La coutume de Lorraine (Tit. 14 art. 7 et 8) permettait le percement tout outre pour asseoir les ouvrages qui, après rebouchage, « ne doivent pas outrepasser la moitié de ladite muraille ».

Enfin Blois, art. 233, déclarait : « celui qui a bâti le premier sera tenu de couper les courges et merriens à la moitié du mur si l'autre propriétaire veut mettre les siennes ou mettre cheminées à l'endroit des autres ».

Ainsi donc, sauf **Nantes**, l'idée générale était que ces enfoncements ne devaient pas, une fois terminés, dépasser l'axe du mur pour ne pas préjudicier aux droits du voisin.

Notre Code est plus large : il autorise un enfoncement complémentaire, mais à titre précaire seulement, car il devra disparaître au jour où le voisin entendra pratiquer lui même un enfoncement au même point. A ce moment, le premier devra être réduit jusqu'à l'axe du mur.

Cette possibilité de réduction suppose, évidemment, qu'il s'agit de poutres ou de solives en bois.

Une première difficulté est apparue avec la construction en fer, ce matériau s'opposant à l'emprise de l'ébauchoir, prévue par la loi.

« Le Code n'ayant pu réglementer l'emploi des fers dans les bâtiments, dit Masselin, puisque ce mode de construction était alors inconnu, la jurisprudence a considéré que les poutres ou poutrelles en fer ne peuvent être assises au delà de la moitié de l'épaisseur du mur. Cela est rationnel puisque l'article 657 ne permet de placer les poutres en bois dans toute l'épaisseur du mur à 0.054 près, que parce qu'elles peuvent être réduites à l'ébauchoir pour laisser au voisin la faculté d'asseoir les poutres dans le même endroit ou y adosser une cheminée. Les pièces en fer ne pouvant être réduites, il convenait de les placer tout de suite sur la mi-épaisseur règlementaire (chap. 22 paragraphe 49 n° 457). »

Dans le même sens : Guillemot-Saint-Vinebault, Becot et Leroux (*Manuel juridique de la propriété bâtie*, p. 177).

L'opinion contraire conduirait, en effet, à maintenir dans le mur un ouvrage qui apporterait un obstacle insurmontable à un enfoncement du voisin.

La solution adoptée est donc tout à fait rationnelle et conforme à l'idée de mitoyenneté parce qu'elle permet de maintenir une égalité parfaite entre chaque propriétaire.

La difficulté est, dans ce cas, facilement résoluble.

Elle apparaît à peu près dans les mêmes conditions, s'il s'agit d'une poutre en ciment armé.

A la suite du 51e Congrès des Architectes français en 1927 où la question du béton armé dans ses rapports avec la mitoyenneté fut soulevée d'une manière particulièrement précise par Me Tassin, avocat à la Cour d'appel de Paris, une étude d'ordre surtout technique, qui cherche à concilier la situation faite par les règles légales avec les principes de la construction en béton armé, fut publiée dans le journal *le Bâtiment*, les 24-28 juillet et 4 août 1927, sous la signature de M. J. L. Triollet.

M. Triollet suppose que des ouvrages en béton armé (dalles de planchers, abouts de poutres, semelles de répartition), ont été enfoncés dans toute l'épaisseur du mur en maçonnerie. Il dit :

« Le grief qui concerne les conséquences des entaillements éventuels par le voisin mérite d'être examiné de près. Il ne faut pas perdre de vue les précautions à observer en toutes circonstances, qui doivent garantir le béton armé contre les altérations inconsidérées. »

Et après avoir exposé les motifs qui s'opposent à toute atteinte d'une certaine importance à la masse du béton armé et aux risques de rupture d'équilibre qui en résulteraient pour l'immeuble auquel il appartient, M. Triollet conclut :

« Nous voici alors ramenés à la question : le béton armé, de principe intangible, se prête-t-il aux obligations des encastrements de solives et poutres à faire après coup sur un mur séparatif ?

« Dès maintenant, nous pouvons poser comme acquise la nécessité de déconseiller formellement les trous et scellements dans le béton de ciment, comportant des armatures, dès que les pièces de supports des planchers, énoncés plus haut, intéressent directement les dites armatures. Ces entaillements comportent des probabilités trop fréquentes d'altération, donc de danger, pour qu'il y ait hésitation.

« Examinons alors si la difficulté peut être au moins atténuée.

« Si l'on suppose, par exemple, que tout en prolongeant le monolithe de béton des dalles et semelles ou poutre dans toute l'épaisseur du mur, les armatures soient disposées de manière à s'arrêter à l'axe de mitoyenneté, la difficulté disparaît. Il n'y aura plus de risques d'atteindre ces armatures quand le voisin viendra, à son tour, « placer ses poutres et solives ».

« Il est vrai que le monolithe de béton sera fort contestable au point de vue purement théorique, mais au point de vue mitoyenneté, il nous paraît très acceptable. C'est un expédient, certes, mais c'est aussi une ressource que nous n'hésiterons pas à préconiser. »

Ainsi donc, la solution proposée par M. Triollet se rapproche de celle adoptée pour les poutres en fer. L'armature de la poutre sera établie jusqu'à l'axe du mur afin de permettre au voisin de pratiquer dans le surplus du béton qui ne sera pas armé, des entailles ou enfoncements ne préjudiciant pas à sa solidité, ou même de le supprimer.

Pour que la poutre ainsi constituée réponde aux termes de l'art. 657, il faudrait, en outre, que son enfoncement soit arrêté à 0.054 du parement extérieur du mur.

S'il en est ainsi, le vœu de la loi est en tout point satisfait.

D'une part, le mur n'est pas utilisé dans toute son épaisseur.

D'autre part, le voisin peut, sans inconvénients, réduire la poutre jusqu'à l'axe.

A la vérité, comme le fait remarquer M. Triollet, son extrémité n'est plus constituée par du béton armé, et la véritable poutre s'arrête à l'axe du mur.

Mais si, au point de vue technique, et pour reprendre les termes de l'auteur de cette étude, la solution qu'il préconise constitue un expédient, elle nous paraît, au point de vue qui nous intéresse, conforme aux dispositions de la loi, sous conditions toutefois, d'une limitation de l'enfoncement.

Il en serait de même de la solution qui consisterait à ne faire porter la poutre que jusqu'à l'axe, dans les mêmes conditions que les poutres en fer.

Nous avons vu que, pour ces dernières, la jurisprudence était arrivée à cette conception logique, en raison de la nature du matériau employé. Le béton armé et le fer peuvent, dans le cas présent, être mis sur un pied d'égalité, et il est vraisemblable qu'elle établirait entre eux, en la circonstance, une complète assimilation.

Le Conseil général des Bâtiments civils a proposé de consacrer cette jurisprudence par un texte additif à l'article 657 (Guadet, Rapport et proposition du Conseil général des Bâtiments civils). Ainsi que le remarque l'exposé des motifs accompagnant la proposition du Conseil, « il est visible que lorsque cet article a été rédigé on ne connaissait que les poutres en bois ».

Les matériaux nouveaux créant une situation nouvelle, « il y a donc lieu de le compléter en précisant les conditions de leur emploi pour satisfaire aux principes de la mitoyenneté ».

Le Conseil concluait donc en ajoutant à l'article le paragraphe suivant :

« Les poutres, solives et pièces de charpente en fer ne doivent pas dépasser l'axe du mur. »

Cet additif est-il nécessaire ? nous ne le pensons pas.

Notre article, avons-nous dit plus haut, se suffit à lui-même. Il fixe les conditions dans lesquelles une poutre ou une solive doit être enfoncée pour que les principes de la mitoyenneté soient respectés.

S'il permet un excédent d'enfoncement, ce n'est

qu'à titre précaire, sous la condition que cet excédent puisse être supprimé à la moindre manifestation du voisin de pratiquer lui-même un enfoncement à cet endroit.

Le matériau employé doit donc se prêter à cette modalité d'application et pouvoir être retranché jusqu'à l'axe du mur.

Si la suppression en est impossible de par sa con texture, il apporte une atteinte à l'exercice des droits du voisin tels qu'ils sont définis par cet article.

Nous avons vu précédemment la conception générale de la doctrine et de la jurisprudence en matière de mitoyenneté, couronnée par l'arrêt de la Cour de Cassation du 11 mai 1925 (voir p. 100 et suiv.).

Une complète égalité doit régner entre chaque propriétaire d'un mur mitoyen, égalité qui ne souffre aucune atteinte.

Dans le cas présent, elle serait rompue. L'auteur de l'enfoncement aurait donc contrevenu d'une façon formelle au principe égalitaire fondamental et notamment à l'article 657. Il aurait donc commis une faute qui permettrait au voisin de poursuivre la réduction des enfoncements, quel que soit le préjudice qu'en devrait supporter la première construction.

La solution de la jurisprudence ne constitue ainsi qu'une application pure et simple de l'article 657 et des principes généraux de la mitoyenneté, dont le caractère absolu n'est plus contesté, et il n'apparaît nullement nécessaire en l'espèce de compléter la loi.

B — **Enfoncements prévus par l'article 662.**

Nous avons vu que l'article 657 fixe les conditions dans lesquelles les poutres et solives doivent être enfoncées dans le mur pour que les droits de mitoyenneté du voisin soient respectés.

Mais, selon sa nature ou son épaisseur, le mur peut être susceptible d'autres usages que celui de support de poutres.

Certains ouvrages pourraient y être pratiqués sans que les droits du voisin aient à en souffrir. Dans quelle mesure seront-ils permis ? Telle est la question à laquelle l'article 662 se propose de répondre.

« En principe, chacun des voisins peut se servir du mur pour les différents usages auxquels il est propre, d'après sa destination. Or la destination d'un mur, c'est-à-dire les services qu'on peut en tirer, les fonctions auxquelles il peut être employé, tout cela n'est pas évidemment quelque chose d'absolu et d'invariable ; cette destination, au contraire, est toute relative ; elle dépend de l'état de ce mur, des matériaux dont il est formé, de sa solidité, surtout de son épaisseur plus ou moins grande et aussi des habitudes du pays et de l'usage des lieux ;... » (Demolombe, XI, 411).

Cette relativité motive les termes très généraux de l'article 662.

La possibilité d'utilisation du mur varie suivant les circonstances. Aucun ouvrage ne peut y être pratiqué s'il porte atteinte aux droits du voisin, sauf accord de ce dernier.

Les experts diront les moyens nécessaires pour qu'il en soit ainsi.

« Lorsqu'un mur est commun et mitoyen entre deux voisins, écrivait Desgodets, ils ont chacun leur moitié confuse au total et il n'est pas permis, ni à l'un ni à l'autre, de l'endommager en aucune façon, et ils n'y peuvent avoir ni faire aucun enfoncement, niche, armoire ou autrement, ni aucun enfoncement de cheminées, ni faire aucun trou pour servir de vues, soit en construisant le dit mur ou après sa construction. La raison en est que, s'il était permis de faire des encastrements ou affaiblissements dans l'épaisseur du mur mitoyen, s'ils venaient à faire des encastrements vis-à-vis de l'un de l'autre chacun de son côté, le mur ne subsisterait pas en cet endroit;... et c'est très justement qu'il a été établi qu'aucun des voisins ne peut affaiblir l'épaisseur du mur par son côté. » (Sur art. 199, n° 8) De même : Pardessus, t. 1, sur art. 662, n° 172).

L'impossibilité de ces encastrements est motivée, chez ces auteurs, par l'obstacle que rencontrerait le voisin à pratiquer les mêmes de son côté.

Cependant, leur opinion peut paraître trop absolue.

Il n'existe aucune raison de s'opposer à ce qu'un propriétaire établisse un ouvrage dans un mur s'il ne porte aucune atteinte aux droits de son voisin.

Desgodets et Pardessus supposent que la demi-épaisseur du mur au moins se trouvera supprimée du fait d'un propriétaire. S'il en est ainsi, l'autre propriétaire ne pourra, de son côté, l'utiliser aux mêmes fins.

Mais si le mur est d'une épaisseur suffisante qui

permette un enfoncement de même importance sans atteindre la demi-épaisseur du mur, cet inconvénient n'existe plus.

L'article 662 a pour but de déterminer, suivant les circonstances, les ouvrages qui peuvent être permis. Ce sera, en chaque espèce, une question de fait à résoudre.

Le propriétaire qui a ainsi pratiqué des ouvrages dans un mur sans le consentement de son voisin, ne pourra être astreint à les supprimer que s'ils portent atteinte aux droits de ce voisin.

L'article 662 a pour but de les sauvegarder et c'est une question d'appréciation de savoir si ces ouvrages leur sont nuisibles.

Dans la négative, aucune raison ne s'oppose à leur existence.

La jurisprudence partage cette opinion :

« Attendu que si l'article 662 porte que l'un des voisins ne peut pratiquer dans le corps d'un mur mitoyen aucun enfoncement sans le consentement de l'autre ou sans avoir à son refus fait régler par experts les moyens nécessaires pour que le nouvel ouvrage ne soit pas nuisible aux droits de celui-ci, il n'ajoute point que la destruction des travaux exécutés sans l'observation de ces mesures préalables devra dans tous les cas être ordonnée.

« Attendu que pour la sanction des dispositions de la loi en cette matière, le législateur s'en est rapporté à la sagesse des tribunaux ; qu'il leur appartient suivant les cas, s'il y a lieu, d'ordonner la destruction des travaux irréguliers ou leur modification, et de prendre toutes mesures propres à réparer les dommages causés... »

(Cass., 20 novembre 1876. D. 1878.1.416).

(Dans le même sens : Cass. 2 février 1897. D.97.1.71,ainsi que de nombreux jugements et arrêts).

Dans un arrêt du 18 août 1847, la Cour de Dijon décidait également :

« Que la loi ne restreint pas la faculté de pratiquer un enfoncement pour un genre de construction spécial, qu'ainsi cette faculté doit être étendue à l'établissement d'une cheminée qui, *d'après l'épaisseur du mur, peut y être prise jusqu'à une certaine profondeur*, pourvu que les deux propriétaires puissent jouir d'un droit égal, sans compromettre la solidité du mur et faire naître des dangers d'incendie (Dijon, 18 août 1847. D. P. 48.2.103).

Demolombe qui approuve cette opinion, conclut :

« Donc, on ne saurait en pareil cas, répondre d'une manière théorique et absolue que jamais, si grande que soit par exemple l'épaisseur du mur, le voisin n'y pourra pratiquer la moindre niche ni le moindre petit placard ; il faut dire au contraire qu'il le pourra lorsqu'à raison des circonstances que nous avons indiquées, cette espèce d'ouvrage rentrera dans la destination du mur et dans l'ordre des services qu'il est en état de rendre. Et cela répond à l'objection qui consiste à dire que si chacun des voisins avait le droit de pratiquer des enfoncements dans le mur, il ne resterait plus entre eux aucune séparation ou que du moins il n'en resterait qu'une insuffisante ; c'est là une des circonstances que les experts auront à examiner » (sur art. 662, n° 411).

Demolombe fait ici allusion à l'opinion que nous avons rappelée plus haut de Desgodets et surtout de Pardessus.

Ce dernier, en effet, refuse tout enfoncement dans le mur, sauf ceux prévus expressément par l'article 657.

« Les seuls enfoncements qui nous semblent autorisés, dit-il sont donc ceux de poutres ou solives, et par analogie, de chambranles de cheminées, de harpes en pierre ou de barres de fer. L'article 657 permet de les placer dans toute l'épaisseur du mur à 0.054 près » (t. i, n° 172).

Nous avons dit le caractère trop absolu de cette interprétation qui méconnaît le caractère relatif de l'article 662.

« Il nous semble, écrit Demolombe, que cette solution est beaucoup plus favorable que l'autre au véritable intérêt de chacun des copropriétaires des murs mitoyens. Ces sortes de mur, en effet, comme disait Basnage, ne sont pas faits seulement pour séparer les maisons, mais pour servir à la commodité des propriétaires (sur art. 611 de la Coutume de Normandie) ; et nous ne voyons pas d'objection sérieuse à une doctrine qui, en favorisant le plus possible la commodité que les propriétaires pourront retirer du mur mitoyen, y met toujours pour condition essentielle qu'il sera reconnu en fait que l'ouvrage que l'un des voisins veut faire, ne pourra nuire ni au mur, ni au voisin » (Demolombe, sur art. 662, n° 411).

Le principe directeur de la mitoyenneté réapparaît ici : Chaque propriétaire a le droit de retirer du mur toute l'utilité dont il est susceptible, pourvu qu'il ne porte pas atteinte au droit égal de son voisin.

Il convient de signaler la difficulté pratique que rencontreront souvent les experts à admettre un enfoncement qui ne préjudicie pas à ce droit. Les murs séparatifs des immeubles sont, en effet, en général, d'une épaisseur relativement faible. Un enfoncement assez important, ou bien nuira à leur solidité, ou bien s'opposera à un enfoncement simi-laire du voisin au regard du premier.

Les experts devront se montrer très circonspects dans leurs avis ou dans les travaux à prescrire et n'autoriser un ouvrage que lorsqu'ils auront acquis la certitude de sa compatibilité avec les règles de la mitoyenneté.

Ce sera plutôt l'exception que la règle.

En application, les deux opinions quelque peu opposées de Demolombe et de Pardessus arrivent donc, sinon à se confondre, tout au moins à se rap-procher considérablement, et on pourrait formuler comme principe, que les enfoncements de toute nature sont interdits dans un mur mitoyen, ou sus-ceptible de le devenir sauf toutefois les deux excep-tions suivantes :

1° Les enfoncements qui ne nuisent pas aux droits du voisin ;

2° Les enfoncements spécialement autorisés et réglementés par l'article 657.

La question se pose donc en présence d'un en-foncement autre que ceux visés par ce dernier article, de savoir s'il ne porte pas atteinte aux droits de mitoyenneté du voisin.

Des enfoncements possibles
du fer et du béton armé en mur mitoyen

A quels enfoncements le fer et le béton armé peuvent-ils donner lieu ?

Quels ouvrages, constitués avec ces matériaux, sont susceptibles d'être incorporés dans un mur mitoyen?

M. Triollet, dans son article précité, envisage trois sortes d'enfoncements :

a) Encastrement dans le mur en maçonnerie, du ciment armé des dalles de planchers seules (encastrements ne dépassant pas l'axe du mur).

b) Encastrements semblables de dalles de planchers avec abouts de poutres et semelles de répartition (encastrements dans toute l'épaisseur du mur).

c) Encastrement ou incorporation de poteaux, de poutres et dalles, avec semelles ou poutres continues, prenant également toute l'épaisseur du mur.

Nous avons examiné les enfoncements de poutres et solives au paragraphe précédent.

Nous distinguerons successivement :

1º Les enfoncements d'ouvrages en fer ou béton armé, ou de dalles de planchers, dans toute l'épaisseur du mur ;

2º Les enfoncements des mêmes ouvrages dans une partie de l'épaisseur du mur ;

3º L'incorporation dans le mur, d'une ossature composée de poteaux et poutres.

1º INCORPORATION DE POUTRES EN FER OU BÉTON ARMÉ OU DE DALLES DE PLANCHERS DANS TOUTE L'ÉPAISSEUR DU MUR.

Poitrail en fer.

La situation est alors particulièrement nette : le poitrail en fer apporte un obstacle absolu à l'exercice des droits du voisin.

C'est ce que constate le jugement précédemment cité de Fontainebleau du 16 mai 1888 dont l'attendu à ce sujet se passe de tout commentaire et mérite d'être approuvé :

« Attendu que le poitrail du pignon du fournil est au contraire posé dans le mur mitoyen ; que si le Code Civil donne au propriétaire le droit de placer des poutres dans un mur mitoyen, il ne peut pas être douteux qu'il s'agisse seulement de poutres perpendiculaires au mur et venant y appuyer seulement une de leurs extrémités ; que, de plus, le fer du poitrail formant le bord extérieur d'une portion du mur, est incompatible avec l'exercice de la mitoyenneté sur cette partie du mur ; qu'il y a donc lieu d'ordonner la suppression de ce poitrail. »

Il est évident que le voisin ne pourra pratiquer dans le fer aucun enfoncement ; que, d'autre part, ce poitrail s'oppose à une surélévation qu'il voudrait faire du mur, dans les mêmes conditions que la poutre rencontrée précédemment.

Le fer ainsi employé est donc incompatible avec les règles de la mitoyenneté.

Cette opinion est encore confirmée par un jugement du Tribunal civil de Nice, lequel déclare que :

« Le placement dans toute l'épaisseur du mur mitoyen, de poitrail ou linteaux en fer, est inconciliable avec les droits conférés au voisin par l'article 657 Code Civil, ces poitrails ou linteaux n'étant pas réductibles à l'ébauchoir en raison de la matière dont ils sont formé. »

Signalons toutefois la confusion que semble faire ici le Tribunal entre les articles 657 et 662.

Enfoncement d'ouvrages en béton armé.

Nous avons cité plus haut l'opinion de M. Triollet relativement aux abouts de poutres enfoncés perpendiculairement au mur, et auxquels l'article 657 demeure applicable.

La question se pose à peu près dans les mêmes conditions en notre matière.

Il est évident que le voisin ne pourra, sans nuire d'une façon quelconque à l'ouvrage encastré et peut-être à l'immeuble, pratiquer des entailles dans le béton et en attaquer l'armature.

« Nous pouvons poser comme acquise, conclut M. Triollet, la nécessité de déconseiller formellement les trous et scellements dans le béton de ciment, comportant des armatures, dès que les pièces de supports des planchers énoncées plus haut, intéressent directement lesdites armatures. Ces entaillements comportent des probabilités trop fréquentes d'altération, donc de danger, pour qu'il y ait hésitation. »

L'usage du mur devient impossible au voisin en cet endroit comme dans le cas précédent. La présence du béton armé sur toute l'épaisseur du mur, est donc incompatible avec les principes de la mitoyenneté, et le voisin peut, de ce fait, en exiger la suppression.

La solution proposée, que nous avons rencontrée pour les abouts de poutre et qui consisterait à n'établir l'armature que sur la demi-épaisseur du mur, c'est-à-dire composer l'ensemble d'une partie en béton armé et d'une partie en béton liées l'une à l'autre, constituerait, comme le déclare son auteur lui-même, un expédient pour tenter de satisfaire aux règles de notre matière. Le voisin pourrait ainsi pratiquer, dit-il, dans la partie en béton tous enfoncements qui lui conviendraient, sans crainte de porter atteinte à la contexture du béton armé de l'immeuble voisin.

Cette solution est-elle acceptable ? Sous réserve d'une restriction quant à l'importance de l'enfoncement, nous l'avons admise pour les ouvrages que vise l'article 657. En sera-t-il de même dans le cas présent ?

Les enfoncements permis par l'article 662 sont subordonnés à ce principe général de la mitoyenneté que les droits de chaque propriétaire sont égaux à ceux de l'autre.

L'ouvrage effectué par l'un doit pouvoir être réalisé par l'autre dans les mêmes conditions, en regard de l'autre côté du mur, où cela lui convient.

Egalement, chacun doit user de la chose commune en bon père de famille et ne rien y faire qui puisse la dégrader ou en compromettre la durée ou la stabilité.

La proposition de M. Triollet répond-elle à ces conditions ?

« Il résulterait alors de cette disposition dissymétrique des aciers, dit-il, une liberté appréciable pour le deuxième constructeur pour encastrer ses poutres et solives, sans avoir à se préoccuper des armatures, sans avoir à les couper ou à les contourner. Mais, dira-t-on, y aurait-il aggra-

vation réelle, si les armatures existent des deux côtés avec
leur disposition normale dans toute l'épaisseur de la semelle?
Il suffirait de les couper quand ce serait inévitable et celles
qui resteront intactes conserveront leur rôle en fournissant
un élément supplémentaire d'équilibre et de résistance...

« L'objection vaut également d'être retenue ; toutefois, elle
s'affaiblit sérieusement si on imagine les conséquences graves
qui résulteront presque toujours de l'ébranlement des
armatures et du béton, des décollements plus ou moins
accentués du métal par les coups de burin, les chocs de la
masse et du poinçon.

« Au contraire, ces ébranlements seront nuls s'il s'agit
d'entailler la masse du béton par parties isolées, faciles à
limiter Aussi, en raison des risques graves de répercussion
sur l'ensemble de l'ossature, dont un ou plusieurs éléments
seraient coupés ou ébranlés, nous donnons la préférence à
la disposition dissymétrique des armatures, à la condition,
déjà indiquée, que le béton fasse l'épaisseur totale. »

M. Triollet remarque, en outre, que les parties de
béton, armé ou non, encastrées, constituent un excel-
lent chaînage et assurent une répartition parfaite
des charges, l'ensemble bénéficiant d'une certaine
solidité.

Ainsi donc, selon lui, la stabilité du mur ne se
trouverait nullement compromise.

D'autre part, le voisin pourrait pratiquer dans les
parties en béton, les enfoncements nécessaires à ses
poutres et solives.

« Etant admis, dit-il, que les entaillements pourront se faire
sur la profondeur du demi-mur, sans rencontrer les armatures du béton armé du voisin, il suffira de veiller à la bonne
exécution des scellements, des reprises et des calages.

« Les scellements et les reprises au ciment ou, de préférence,

en gravillon, sable et ciment, au dosage normal du béton
armé, rétabliront suffisamment la cohésion et la résistance
autour des pièces à sceller dans les entailles, surtout si les
calages sont pilonnés et serrés avec le soin nécessaire, pour
supprimer, ici encore, les inconvénients théoriques, ou les
rendre négligeables.»

Il semblerait, *a priori*, résulter de cet exposé que
les droits du voisin seraient conservés et que, de
ce fait, le procédé préconisé satisferait aux principes de la mitoyenneté.

Il ne nous appartient pas de formuler un avis
quelconque sur les considérations d'ordre technique
formulées par M. Triollet.

Mais, au point de vue qui nous intéresse, on peut
se demander si le principe même de la constitution
des ouvrages ainsi encastrés répond aux conditions
générales de la mitoyenneté.

Il y a lieu de sous-distinguer ici deux sortes
d'enfoncements :

1º Les enfoncements constitués par des ouvrages attenants
à l'immeuble (dalles de plancher, semelles, poutres).

2º Les enfoncements indépendants de cet immeuble.

A. — *Enfoncements attenants à l'immeuble.*

Pour les pratiquer, le constructeur remplace la
maçonnerie du mur par un ouvrage en béton armé,
jusqu'à l'axe de ce mur.

Cet ouvrage est une portion de son immeuble,
composée de matériaux dont les qualités spécifiques

sont essentiellement différentes de celles de la maçonnerie du mur dans lequel il les incorpore.

Il substitue donc à la maçonnerie, propriété indivise entre lui et son voisin, sur laquelle celui-ci avait donc des droits, un ouvrage qui lui est privatif.

Le fait qu'il dépasse l'axe du mur ne conduit en effet nullement à décider qu'il appartienne en copropriété à chaque voisin, pas plus que l'enfoncement à 54 millimètres près des poutres et solives prévues à l'article 657 ne permet de conclure que la partie comprise entre leur extrémité et l'axe du mur soit mitoyenne.

Sans doute, dira-t-on, le voisin pourra venir pratiquer ses enfoncements dans le béton.

C'est détourner la question.

Peut-être, au point de vue technique, ces enfoncements sont-ils possibles, mais il n'en est pas moins qu'ils seront pratiqués dans la propriété privative du constructeur et non dans le mur.

Un empiètement a été commis par lui sur la propriété commune, et on pourrait même dire sur la propriété privative du voisin, puisqu'il a placé, au dessus du terrain de ce dernier, un ouvrage qui lui appartient exclusivement.

Si le voisin pratique des enfoncements dans le béton, il n'acquerra nullement la mitoyenneté, c'est-à-dire la propriété indivise de l'ouvrage incorporé du constructeur ; celui-ci n'a nullement l'intention de le voir devenir mitoyen ; il entend au contraire en conserver la propriété exclusive jusqu'à l'axe du mur, et seules des raisons techniques l'on conduit à l'enfoncer sur toute l'épaisseur, la partie de béton non armé étant, à son avis, en attente d'usage.

De son côté, le voisin entend conserver également la propriété des ouvrages qu'il y enfoncera ou lui substituera alors même que ceux-ci resteraient liés au béton armé du contructeur.

Leur exécution constitue donc un acquiescement de sa part à l'emprise du constructeur sur la propriété commune et, de la part de celui-ci, une autorisation à ce que sa propriété particulière soit utilisée par le voisin, ou supprimée.

Nous sommes alors en présence d'une tolérance réciproque de chaque propriétaire à ce que des ouvrages soient exécutés pour leur compte respectif sur la propriété de l'autre, ces ouvrages conservant leur individualité et leur caractère privatif.

La mitoyenneté du mur se trouve, à leur emplacement, remplacée, soit par une propriété privative du constructeur, soit par une série de propriétés privatives des deux voisins.

Cette tolérance résulte du consentement réciproque de chacun à ces empiétements respectifs, mais non de la loi.

Elle est, au contraire, en opposition avec le principe même de la mitoyenneté qui voit dans le mur, non pas deux propriétés privatives accolées, mais une propriété indivise.

On pourrait ajouter que si le voisin estime le mur insuffisant et veut le démolir et reconstruire, les ouvrages ainsi encastrés dans toute l'épaisseur du mur, mettront obstacle à l'édification d'un mur homogène en maçonnerie pleine, capable de supporter les deux immeubles.

Par ailleurs, si nous supposons le mur existant d'une faible épaisseur, qui oblige le reconstructeur à donner au deuxième mur un excédent d'épaisseur à prendre sur son terrain, ces mêmes ouvrages, en admettant qu'ils soient maintenus, à titre de tolérance, par lui, ne porteront plus sur l'épaisseur entière du nouveau mur, mais seulement sur une partie. La question se posera alors de savoir, ainsi que nous le verrons plus loin, s'ils ne vont pas porter préjudice à la stabilité de ce nouveau mur.

Sauf ce dernier cas réservé, du seul point de vue des principes, leur existence paraît donc contraire à l'idée même de la mitoyenneté.

Le voisin pourra donc, à notre avis, en demander la suppression (voir sur la suppression des ouvrages incompatibles avec la mitoyenneté, jurisprudence précitée, p. 100 et suiv.).

B. — *Enfoncements n'attenant pas à l'immeuble.*

Un copropriétaire surélève un mur mitoyen et, craignant que la surcharge consécutive apporte à certaines parties une fatigue qu'elles ne pourraient supporter, incorpore dans l'exhaussement une poutre en béton armé pour répartir la charge.

Si, ultérieurement, le voisin acquiert la mitoyenneté de la surélévation, la propriété indivise de la poutre lui sera attribuée avec celle de l'ensemble.

Cette poutre, en l'espèce, ne restera pas propriété privative du constructeur comme dans le cas précédent ; elle fait partie du mur dont elle constitue un élément et se trouve indépendante de l'immeuble adossé.

Ne fait-elle pas obstacle à l'exercice des droits de mitoyenneté du voisin ?

Celui-ci ne pourra y pratiquer d'enfoncements sans cisailler les armatures, c'est-à-dire, sans détruire le principe même du ciment armé.

D'autre part, l'entaille ou les entailles successives ainsi faites détruiront son homogénéité et, par suite, ses qualités répartitives de charge.

Ces qualités résultent de son unité et disparaissent avec elle.

Le voisin ne peut donc l'entamer en quoi que ce soit.

S'il pratique un enfoncement dans cet ouvrage incorporé, ce ne sera qu'au risque de porter préjudice à la solidité du mur.

L'usage lui en est donc interdit et, de ce fait, il peut en demander la suppression.

Si cette suppression a pour conséquence le remplacement du mur inférieur, devenu incapable de supporter l'exhaussement, les frais occasionnés incomberont au premier constructeur.

Sans doute avait-il le droit de chercher à restreindre la surcharge du mur inférieur, mais seulement à condition que les procédés de construction employés à cet effet soient compatibles avec les règles de la mitoyenneté.

La poutre incorporée n'y satisfait aucunement ; il lui appartient donc de rétablir le mur en état d'être normalement utilisé par le voisin.

En résumé :

L'enfoncement d'un ouvrage en fer ou en béton armé sur toute l'épaisseur du mur, même avec la restriction proposée par M. Triollet, ne peut être admis. La solution qu'il préconise est une solution mitigée, conçue dans le désir de concilier à tout prix les procédés modernes de construction avec les règles de la mitoyenneté et qui, pour ce faire, empiéte sur les règles de l'une et de l'autre sans satisfaire à aucune.

2º Enfoncements d'ouvrages
dans une partie de l'épaisseur du mur.

Nous avons rejeté l'idée d'un enfoncement sur toute l'épaisseur du mur, même avec le procédé préconisé par M. Triollet.

Dans quelles limites peut-il être autorisé ?

Certains constructeurs ont pensé que l'autorisation donnée par l'article 657 de pratiquer des enfoncements de poutres et solives à 54 millimètres près, pourrait s'appliquer à tous autres ouvrages, sauf à ce que si le voisin veut à son tour enfoncer ses poutres et solives jusqu'à l'axe, il puisse le faire en supprimant une partie de l'ouvrage encastré.

Nous ferons d'abord remarquer que l'article 657 vise exclusivement les poutres et solives et il ne fait pas doute que le législateur a entendu régir ici les enfoncements perpendiculaires au mur, tous autres étant réglementés par l'article 662, c'est-à-dire variables avec chaque espèce.

L'article 657 ne pose donc pas un principe sur la profondeur des enfoncements en général.

Pour un cas particulier, il accorde une tolérance pouvant disparaître presque au gré du voisin, et cette tolérance doit être interprétée restrictivement.

Indépendamment de cet argument de texte, les objections soulevées par l'enfoncement dans toute l'épaisseur du mur se rencontreraient encore ici dans les mêmes conditions.

Si le voisin veut à son tour enfoncer ses poutres et solives au regard de l'ouvrage encastré, conformément à l'article 657 qui lui en donne l'autorisation au moins jusqu'à l'axe du mur, cet enfoncement devra être pratiqué d'abord dans la partie de mur existante et ensuite dans l'ouvrage du voisin.

Cet ouvrage fait donc, dans la rigueur des principes, obstacle à un enfoncement dans la demi-épaisseur du mur commun,

Toutes nos observations précédentes (p. 136 et suiv.) s'appliquent en l'espèce.

Ne pourrait-on alors envisager comme possible un encastrement ne dépassant pas l'axe du mur,

Il importe d'abord de rappeler la restriction que

comporte la rédaction même de l'article 662 quant à l'utilisation qu'il permet du mur mitoyen.

« L'un des voisins ne peut pratiquer dans le corps d'un mur mitoyen aucun enfoncement... sans le consentement de l'autre, ou sans avoir, à son refus, fait régler par experts les moyens nécessaires pour que le nouvel ouvrage ne soit pas nuisible aux droits de l'autre. »

Ainsi donc, le mur doit être conservé dans son état d'homogénéité et, sauf les cas prévus par l'article 657 C. c., aucun enfoncement ou ouvrage ne peut y être pratiqué sans le consentement du voisin.

Cet enfoncement ou ouvrage constitue en quelque sorte un usage anormal du mur, qui, de sa nature, est destiné à servir de soutien. Si sa contexture, son épaisseur, sont telles qu'il peut fournir une utilisation complémentaire, chaque voisin n'a aucune raison de s'y opposer.

Mais la loi se méfie de la mauvaise humeur de chacun et c'est pourquoi, en cas de différend sur ce point entre les propriétaires du mur, elle leur prescrit de s'en remettre à l'arbitrage d'experts.

La Société Centrale des Architectes, dans son *Manuel des lois du bâtiment*, déclare sur cette possibilité d'utilisation du mur :

« (a) La loi, en exigeant le consentement des deux voisins pour qu'un enfoncement puisse être pratiqué dans le corps du mur mitoyen, admet implicitement que ces deux voisins ont le droit d'y établir des vides d'un commun accord, tels, par exemple, que des tuyaux de cheminées.

« (*b*) Il peut, en effet, être dérogé par les conventions des copropriétaires à celles des règles de la mitoyenneté qui ne sont pas d'ordre public. » (*Manuel des lois du bâtiment*, art. 662 I(*a*)(*b*), p. 136.)

La possibilité d'encastrer des ouvrages dans un mur mitoyen, dans des tranchées pratiquées à cet effet, a été contestée par certains auteurs.

« Il n'est pas permis, dit Desgodets, de faire des tranchées dans des murs mitoyens, pour y loger des pièces de bois en longueur ou hauteur, même des chaînes, harpons ou tirans de fer au long dudit mur parce que de telles tranchées affaibliraient les murs, mais il est loisible de faire des tranchées dans les murs mitoyens pour y liaisonner d'autres murs aboutissant en retour ou autrement. » (sur art. 208, n° 9.)

De même Masselin écrit :

« On ne peut encastrer aucune pièce de bois en sens vertical, horizontal ou oblique, dans un mur mitoyen ; les seules tranchées qui sont permises dans un mur mitoyen sont celles strictement nécessaires à liaisonner un mur de refend ou un pan de bois. » (*Nouvelle jurisprudence*, n° 124.)

Cette interdiction est motivée par la crainte d'un affaiblissement consécutif du mur. Elle se rattache à l'idée émise par Desgodets et Pardessus, qu'il est impossible de pratiquer des enfoncements parce que, s'ils étaient également réalisés par le voisin, ils feraient disparaître le mur ou ne lui laisseraient qu'une épaisseur insignifiante, au préjudice de la stabilité de l'immeuble.

Il nous a paru, nous ralliant ainsi à l'opinion de Demolombe, que cette possibilité d'utilisation du mur était essentiellement relative, variant avec les circonstances (Voir ci-dessus, p. 125 et suiv.)

Si, en effet, dans un mur d'épaisseur importante, un propriétaire encastre un ouvrage en béton armé, laissant à son voisin, de l'autre côté, la possibilité d'un même encastrement, sans que les deux tranchées pratiquées compromettent en quoi que ce soit la stabilité du mur ni les droits respectifs de chacun, les règles de la mitoyenneté reçoivent ainsi satisfaction. Aucun motif ne s'opposerait alors à ces encastrements.

Mais ce sera là une exception (Voir comme exemple Dijon, 18 août 1847, précité, p. 128. D. P. 48.2.103).

En général, l'enfoncement, même dans la limite de la demi-épaisseur, supprime une partie notable de ce mur.

Les objections de nos auteurs reprennent ici toute leur importance.

M. Triollet, dans l'étude précitée, rappelle la controverse qui s'élève chez les techniciens sur cette question.

Au sujet de l'encastrement d'une dalle, il écrit :

« Le chaînage et la répartition que permet cette dalle rigide, n'est, en effet, qu'une compensation fort contestable, au regard de la solution de continuité qu'elle provoque dans l'homogénéité du mur. »

« L'inconvénient est perceptible si on envisage que cette barre rigide n'existe que sur le bord ou au plus sur la moitié de l'épaisseur du mur et que les coefficients de compression et d'élasticité sont très différents de ceux de la maçonnerie ordinaire.

C'est pourquoi il suggérait l'encastrement sur toute l'épaisseur du mur.

Le *Manuel des lois du bâtiment* est particulièrement catégorique. Commentant l'article 657, il dit :

« La faculté de placer des poutres ou solives dans le mur mitoyen, ne s'applique qu'à leurs portées, aux ancres et aux chaînes. Nul ne peut y pratiquer aucun autre encastrement ni aucune tranchée » Sur art. 662 (XV.)

Barberot conclut dans le même sens, envisageant cependant la possibilité d'encastrer des dalles de plancher en béton qui, dit-il « sont mariées avec la maçonnerie et ne compromettent nullement la solidité du mur » (*Traité pratique de la législation du bâtiment et des usines*, p. 183, n° 252).

Mais il semble que ce soit là, chez lui, une exception ; la description qu'il donne des moyens à employer pour l'appui des poutres, de l'utilisation possible du mur mitoyen (p. 182 et suivantes) corrobore son interdiction formelle de pratiquer des tranchées qui affaibliraient le mur.

Il résulte de ces avis techniques que l'ouvrage envisagé sera de nature à porter préjudice à la stabilité du mur.

Si les voisins, ne pouvant se mettre d'accord sur sa possibilité d'exécution, ont recours à des experts, ceux-ci seront donc, et nous pouvons presque dire, sauf exception, dans la majorité des cas, conduits à en refuser l'exécution.

Mais si, dans les deux cas qui viennent d'être envisagés, les encastrements pré-existent à l'acquisition du voisin, celui-ci pourra-t-il en exiger la suppression ?

Desgodets écrit à ce sujet, relativement à une sorte d'enfoncements anormaux ;

« Si l'un des voisins avait fait porter toutes les solives de sa maison dans le mur mitoyen, en le construisant, l'autre voisin qui voudrait ensuite adosser un bâtiment contre ledit mur, pourrait obliger le premier à faire couper et ôter du mur mitoyen la portée des solives des planchers de sa maison qui ne serviraient pas aux enchevêtrures, et les faire porter sur des sablières au long dudit mur, soutenues par des corbeaux en fer, en observant la même chose de son côté. Néanmoins, il serait plus à-propos, pour l'intérêt des deux voisins, de laisser dans le mur les solives des planchers de celui qui aurait bâti le premier, tant que ce mur pourrait subsister, parce que, pour les ôter, il faudrait faire des trous et des tranchées dans le mur qui y causeraient du dommage et en diminueraient la solidité. » (Desgodets sur art. 208, n° 7.)

La crainte d'affaiblir le mur le conduit à cette détermination de maintenir les encastrements. Nous avons vu précédemment (p. 100 et suivantes) que telle n'est plus la conception de la jurisprudence qui reconnaît à la mitoyenneté un caractère absolu.

Le *Manuel des lois du bâtiment* est également très net :

« *a*) Lorsque le mur mitoyen présente, en son état, des infractions aux lois ou aux règlements qui régissent la construction le copropriétaire qui veut y appuyer un ouvrage, peut exiger l'exécution des travaux nécessaires pour faire cesser ces infractions » (sur art. 657, IV, p. 120).

Tout ce qui fait obstacle ou apporte une gêne à l'exercice des droits de mitoyenneté du voisin doit être enlevé sur simple demande de ce dernier.

En résumé, la possibilité d'encastrer un ouvrage ou de le conserver dépendra des circonstances.

Tel est le principe, mais en général, si nous en croyons les avis techniques rappelés, nos encastrements devront être considérés comme contraires aux règles de la mitoyenneté, et par suite écartés.

Ossature encastrée dans un mur.

Les principes que nous venons de rappeler dans les deux paragraphes précédents s'appliquent exactement et pour les mêmes motifs au cas présent.

Sans doute, si les tranchées pratiquées dans la maçonnerie pour encastrer l'ossature affaiblissent le mur, celle-ci lui évitera une certaine fatigue et l'ensemble sera assuré d'une certaine solidité.

Il ne s'agit pas de savoir si la stabilité est assurée

au mur, considéré comme privatif, mais bien au contraire comme mitoyen, et si, ainsi constitué, il peut normalement être utilisé par le voisin.

L'encastrement effectué tend à réduire sa solidité propre. Le voisin ne pourra donc plus s'en servir normalement, comme s'il était en maçonnerie pleine.

Par ailleurs, si on suppose qu'il veuille surélever le mur, il est à craindre que l'ensemble devienne insuffisant ; notamment l'ossature incorporée, calculée et établie pour supporter une charge déterminée, ne pourra en recevoir une supplémentaire.

Le voisin qui voudrait alors démolir et reconstruire le mur ne pourrait la supprimer sans crainte de compromettre la stabilité de l'immeuble dont elle fait partie.

En la conservant, il se trouverait, en fait, après démolition de la partie restée commune, devant un mur privatif appartenant à l'autre propriétaire, situé à la limite des deux propriétés et inutilisable par lui.

Il éprouve une gêne incontestable dans l'exercice de ses droits.

Indépendamment des conséquences de cette incorporation, on pourrait également se demander si celle-ci n'est pas, par elle-même, contraire aux principes de la mitoyenneté.

Le mur mitoyen fait l'objet d'une propriété commune et indivise et l'usage en est permis à chaque voisin, sous condition de lui conserver son caractère de communauté ? Notamment un copropriétaire ne doit pas nuire aux droits de l'autre par une utilisation qui lui retirerait en tout ou partie ce caractère et lui substituerait une propriété privative.

A cet effet, la loi règlemente l'exercice des droits de chaque propriétaire et fixe ainsi une limite aux usages privatifs qu'elle tolère.

L'encastrement d'une ossature respecte-t-il ce principe de communauté ? Nous ne le pensons pas.

Il substitue au long de la ligne mitoyenne, pour servir d'appui à un bâtiment, un ouvrage privatif à l'ouvrage commun.

On se trouve, en quelque sorte, en présence dans le mur commun, d'un autre mur composé d'une ossature privative et d'un remplissage lié à la masse commune.

Le constructeur n'utilise pas cette masse commune, même à son profit exclusif ; il la supprime et la remplace par un ouvrage sur lequel le voisin ne saurait prétendre à aucun droit.

Cet encastrement se justifierait par l'idée, que nous avons reconnue fausse, que le mur mitoyen serait constitué de deux propriétés privatives accolées l'une à l'autre, chaque voisin étant propriétaire jusqu'à l'axe du mur.

Au contraire, avons-nous dit, il est copropriétaire du tout, c'est à-dire tant de la partie au-dessus de son terrain que de la partie au-dessus du terrain du voisin.

Dans toute sa masse, le mur doit être conservé avec ses qualités propres ; chaque voisin doit pouvoir utiliser la totalité et non pas seulement la portion sur sa propriété.

Dans le cas présent, le mur mitoyen est supprimé sur toute l'épaisseur de l'encastrement pour laisser place à un véritable pan de béton, dont la partie essentielle de soutien est privative, l'autre, formant remplissage et restée propriété indivise, ne pouvant servir efficacement d'appui au voisin. Le caractère de communauté se trouve complètement écarté.

Par ailleurs, aux termes de l'article 657, c'est le mur lui-même qui doit servir de soutien aux immeubles qu'il sépare, et non l'ouvrage que l'on y encastrerait.

Il ne s'agit donc plus ici du simple encastrement d'un ouvrage, mais de la substitution d'un organe de soutien privatif à un autre organe de soutien qui, de son essence, doit rester commun dans toutes ses parties.

Le simple fait de la présence de cette ossature de béton, indépendamment de toute considération technique, est donc opposé aux principes mêmes de la mitoyenneté.

Le voisin peut donc, à notre avis, en demander la suppression.

Pan de béton ou de fer mitoyen.

Avant de conclure, nous voudrions appeler rapidement l'attention sur les difficultés que soulèvera une application extrême des procédés modernes de construction en notre matière.

Ce cas résume toutes les difficultés précédemment rencontrées, et c'est pourquoi nous ne ferons que le signaler sans nous y arrêter.

Nous avons supposé jusqu'à présent, qu'un propriétaire construisait un pan de béton ou de fer à la limite de sa propriété ou bien que ce pan de béton ou de fer était édifié au long et contre un mur déjà mitoyen, ou d'un mur appartenant au voisin, et nous nous sommes demandés le sort qui lui serait réservé s'il venait à être soumis aux règles de la mitoyenneté.

Mais on peut envisager également qu'un pan de béton devienne mitoyen entre deux voisins.

Deux propriétaires édifiant en même temps chacun un immeuble, s'entendent pour les construire tous deux en béton armé, par exemple, et décident d'élever sur la ligne mitoyenne, des poteaux et poutres suffisamment forts pour supporter les charges à provenir des deux immeubles. Si les deux bâtiments ont des hauteurs d'étages différentes, ils peuvent convenir que les poteaux seront communs et que les poutres qui relieront ces poteaux appartiendront tantôt à l'un, tantôt à l'autre des immeubles.

Ceux-ci seront solidarisés par leur pan mitoyen et constitueront dans l'ensemble un bloc homogène.

Lorsque cette mitoyenneté résulte ainsi d'une convention, il est à supposer que les deux propriétaires prévoient les conditions d'utilisation et d'entretien par chacun du pan ainsi édifié.

Mais il peut arriver que la mitoyenneté ne résulte pas de l'accord des propriétaires, mais bien de circonstances indépendantes de leur volonté.

Ce serait le cas d'un immeuble en béton armé qu'un partage aurait divisé en deux propriétés nettement distinctes, attribuées à deux personnes différentes.

La séparation entre ces deux propriétés sera ainsi constituée par un pan de béton qui appartiendra indivisément par moitié à chaque voisin.

Quels seront les droits de chacun sur ce « mur » mitoyen ?

Ecartons tout d'abord cette idée que l'un d'eux pourrait en demander à l'autre la suppression, en raison de son incompatibilité avec les règles de la mitoyenneté.

La mitoyenneté n'étant pas une institution d'ordre public, il est permis de déroger aux dispositions légales qui la concernent ; celles-ci, en effet, constituent une réglementation de la copropriété du mur en l'absence de toute réglementation particulière convenue entre les propriétaires.

Dans le premier cas, il résulte d'une convention parfaitement licite.

Dans le second cas, une sorte de destination du père de famille en exige le maintien.

Sauf nouvel accord entre les voisins, le pan devra donc être conservé en son état actuel.

Son entretien incombera pour moitié à chaque propriétaire.

Mais la mitoyenneté d'un mur entraîne la possibilité de l'utiliser. La Loi autorise chaque voisin à y appuyer des ouvrages ou construction à l'exhausser s'il le désire, à pratiquer des enfoncements.

Ces usages sont-ils possibles dans le cas présent ?

Le pan de béton, nous l'avons vu, a été conçu et édifié pour soutenir les immeubles actuels ; aucun effort supplémentaire ne peut lui être demandé.

Par ailleurs, les éléments de résistance ne sont constitués que par l'ossature elle-même, la maçonnerie ne formant qu'un remplissage, suffisant pour recevoir peut-être de très faibles appuis mais notoirement insuffisant et non conçu pour soutenir un ouvrage.

Si un propriétaire veut appuyer sur le mur un ouvrage lui apportant une charge nouvelle, le pan ne peut le recevoir. Son incapacité exigera sa démolition, mais les frais de cette démolition incomberont exclusivement au constructeur. Il ne peut les faire supporter à son voisin, même en partie, le mur existant constituant pour lui une charge qu'il a acceptée par convention ou qui lui est échue par le partage en même temps que la propriété de l'immeuble.

Nous avons signalé le coût élevé, les précautions spéciales qu'exige ce travail délicat.

Le pan de béton, conçu dans un certain but, pour supporter un certain ouvrage, manifeste ainsi son incompatibilité à satisfaire aux modalités d'application de la mitoyenneté; sa contexture s'y oppose.

Cette même difficulté apparaît en cas d'exhaussement. Si le propriétaire qui veut l'exhausser, ne parvient, par un moyen quelconque, à lui supprimer toute surcharge, il doit le démolir et reconstruire un mur à ses frais, dans les termes de l'article 659.

Enfin, le pan est incapable de recevoir des enfoncements.

Le remplissage est trop faible, et on ne peut toucher à l'ossature sans porter atteinte à la stabilité de l'ensemble.

Ces difficultés apparaissent dans les mêmes conditions s'il s'agit d'un pan de fer.

Nous avions dit au début de cette étude, qu'un pan de ciment ou de fer était incompatible avec les règles de la mitoyenneté.

Si malgré cela, il devient la copropriété de deux voisins, la moindre volonté de l'un d'eux de se prévaloir de ses droits de mitoyenneté entraînera la nécessité de supprimer l'ouvrage pour le remplacer par un mur ordinaire.

Son édification dans ces conditions, et son maintien, ne peuvent donc se concevoir qu'accompagnés d'une renonciation complète de chaque propriétaire aux droits que la loi leur accorde.

CONCLUSION

Il résulte de cette étude, que le fer et le béton
armé sont en général incompatibles avec les règles
de la mitoyenneté, telles qu'elles sont fixées par le
Code et interprêtées par la jurisprudence.

Devons-nous conclure que la mitoyenneté ne répond plus aux exigences de la vie moderne et doit,
en conséquence, être rayée de nos lois, ou pour le
moins modifiée dans son application.

Ce ne serait d'ailleurs pas là la première critique
qui lui serait adressée.

Nous avons rappelé les motifs qui l'ont fait adopter par les coutumes, et, ensuite, par le législateur
de 1804.

C'est au nom de l'intérêt privé allié à l'intérêt
général qu'elle a été imposée.

« Usant de mon intérêt, écrit Pothier, de retirer de mon
voisin qui veut bâtir contre mon mur, la moitié du prix
qu'il m'a coûté et de n'être plus tenu que pour moitié des
réparations qui y surviendront, ce ne pourrait être que
par une pure malice que, contre mon propre intérêt, je refu_
serais de lui vendre la communauté de mon mur, pour le
constituer en dépense et l'obliger à en construire un sur son
terrain, au long du mien, qui serait entièrement à ses frais.
Or, une telle malice, contraire aux devoirs d'amitié que se

doivent des voisins ne doit pas être soufferte. » (*Second appendice au traité du Voisinage*, IV, p. 33.)

(Voir aussi Duranton, p. 342, n° 32 ; Laurent, VII, n° 5o.)

« On peut dire que la Société toute entière est intéressée à ce que la dépense des capitaux et des terrains ne soit pas doublée en pure perte » (Demolombe, n° 311.)

Cependant, en présence des difficultés auxquelles elle a donné lieu et des procès qu'elle a fait naître, des voix discordantes se sont fait entendre, qui ont, au nom des principes de liberté devant régir la propriété, prononcé sa condamnation.

Dans un mémoire lu à l'Académie des Sciences morales et politiques les 23 et 30 décembre 1865, sur la révision du Code Napoléon, M. Batbie résumait ainsi les critiques auxquelles la mitoyenneté a donné lieu, tant dans son principe que dans ses applications :

« Le propriétaire tient à garder l'entière disposition de son mur ; il ne voudrait pas qu'en acquérant la mitoyenneté de ce mur, le voisin eût le droit de l'exhausser, de le démolir pour en changer la base, et de lui causer pendant la reconstruction, tous les ennuis inséparables d'un semblable travail ; surtout, il lui déplaît d'avoir quelque chose en commun avec un voisin qu'il déteste. Quel est donc l'intérêt général qui a déterminé le législateur à faire plier le droit individuel?

« Il y aura sans doute économie à faire un mur au lieu de deux; mais cette économie n'est relative qu'aux intérêts privés. Que si l'on objecte que cette économie profitera au capital et au travail généraux, je répondrai qu'à moins de proclamer le communisme, il faut savoir se résigner aux déperditions qui sont inséparables de la propriété individuelle... »

« La mitoyenneté donne lieu à tant de difficultés et de procès, que l'économie qui en résulte est largement compensée par l'augmentation des frais de justice... »

« D'ailleurs, que la mitoyenneté soit ou non désirable, la seule règle conforme aux principes c'est de laisser aux conventions librement formées, le soin de l'établir et de la faire cesser. »

« L'expérience a démontré que le droit d'acquérir la mitoyenneté peut servir uniquement à vexer le propriétaire duquel on l'exige. »

Et M. Deschamps, sur les inconvénients de la mitoyenneté, à laquelle cependant il se rallie sous le motif de l'intérêt général, écrit :

« Tant qu'on est seul propriétaire du mur, on peut, comme nous l'avons fait remarquer, en faire à peu près ce que l'on veut, y appuyer des ouvrages, y faire des vues, etc... Du jour au contraire, où ce mur est mitoyen, on ne peut plus guère s'en servir, sauf pour bâtir (art. 657) sans le consentement du voisin ; en particulier il faut ce consentement, soit pour appuyer contre ce mur un ouvrage quelconque (art. 662) soit pour y ouvrir des jours (art. 675).

« Il y a même mieux : la plupart des auteurs et arrêts sont d'avis que le voisin, venant à acquérir la mitoyenneté, a le droit de faire boucher les jours antérieurement établis dans le mur, et ils permettent d'user de la faculté de l'article 661 rien que pour arriver à ce but : faire boucher ainsi les jours existants ».

« Dira-t-on encore dans cette hypothèse, que cette faculté est toute favorable au propriétaire du mur.

« Il est évident qu'alors elle lui est gravement préjudiciable ; que non seulement elle l'atteint dans son droit absolu, théorique, de propriétaire maître de sa chose, mais que, pratiquement, elle le lèse encore de la façon la plus vive » (Deschamps, *De la Cession forcée de la Mitoyenneté*, n° 13).

Sans doute, si la mitoyenneté offre des avantages à chaque propriétaire, il est incontestable qu'elle constitue une charge extrêmement lourde pour eux, et les bénéfices qu'ils en retirent ne compensent peut-être pas tous ses inconvénients.

Par ailleurs, aux objections fondées qui lui ont été faites, s'ajoute son incompatibilité avec les procédés modernes de construction qui met obstacle à toute innovation dans les méthodes traditionnelles du Bâtiment.

Si la réglementation légale est conservée sans modification aucune, l'emploi du fer et du béton armé en mur mitoyen se trouve écarté et, avec lui l'emploi de tous nouveaux matériaux qui pourraient peut-être présenter des avantages supérieurs encore au fer et au béton mais que leur incompatibilité avec les règles de la mitoyenneté rendrait inutilisable.

Cependant, il faut admettre que l'emploi de nos matériaux, tout en ayant acquis droit de cité, ne présente pas encore, dans les murs mitoyens, un caractère d'universalité, et que même, dans les constructions neuves, il est fréquent de rencontrer des murs en maçonnerie ordinaire. Peut-être les constructeurs craignent-ils les difficultés futures qui ont fait l'objet de notre étude, mais peut-être aussi réservent-ils leur préférence à d'autres matériaux connus et ayant fait leurs preuves, conservant une certaine méfiance à l'égard des nouveaux, employés par des novateurs, et qui n'ont pas encore reçu une épreuve suffisante du temps, ou ne présentent pas, à leur avis les qualités nécessaires à une utilisation dans un mur séparatif.

Le fer et surtout le béton armé, ne sont sans doute plus au stade d'essai, mais n'ont pas encore atteint en notre matière, celui d'une utilisation courante. Ils sont à une période intermédiaire.

Cependant, il serait paradoxal que la loi s'oppose aux innovations et aux perfectionnements techniques.

Sans doute, toutes les améliorations, ou prétendues telles, ne doivent pas être admises sans discussion ni preuve, mais les résultats déjà acquis par le fer et le béton armé laissent supposer une extension possible de leur emploi. Pour des raisons désuètes peut-être, la loi ne peut l'entraver.

Remarquons que les buts poursuivis par la mitoyenneté recevraient encore satisfaction.

Le législateur a voulu éviter les pertes de terrain qui résulteraient de la présence de deux murs à la limite des propriétés, un seul mur pouvant servir en commun aux deux voisins.

Si les deux murs accolés ont ensemble une épaisseur égale à celle qu'aurait eu un seul mur, il semble que le résultat recherché soit obtenu.

Or, tel est bien l'effet de deux pans de béton ou de fer édifiés de part et d'autre de la ligne séparative.

L'intérêt d'un mur commun disparaît donc ici. La loi n'a alors aucun motif pour l'exiger et ce faisant, elle assujettit chaque voisin à une charge inutile.

R. Delage   II

Il importe, à notre avis, de le mettre en harmonie avec les circonstances, la modifier suffisamment pour que, tout en conservant une règlementation légale du mur mitoyen, elle ne s'oppose pas aux progrès qui peuvent se manifester dans l'art de construire.

Modifier la loi est extrêmement grave, surtout lorsqu'il s'agit de porter atteinte à une institution vieille de plusieurs siècles que la jurisprudence a précisée dans tous ses détails d'application.

Il faut donc agir avec circonspection.

Nous avons dit que la mitoyenneté est à la fois une servitude et une copropriété; servitude, en tant qu'elle oblige un propriétaire à supporter la faculté d'acquisition du voisin et, avec elle, toutes ses conséquences; copropriété, en tant que réglementation légale de l'utilisation et de la conservation du mur mitoyen.

Les critiques qui ont été formulées précédemment par MM. Batbie et Deschamps, les objections que nous soulevons contre elle, s'adressent plus à la servitude qu'à la copropriété, et elles recevraient satisfaction si, la première étant supprimée, la seconde seule, subsistait.

Autrement dit, chaque propriétaire doit être libre de disposer de sa propriété comme il l'entend et la mise en communauté d'un mur séparatif, constituant un acte de disposition, ne doit résulter que de sa volonté.

Egalement, et toujours suivant ce même principe,

il doit rester libre d'édifier sur son terrain tel ouvrage à sa convenance, sans ce soucier du voisin, sous condition toutefois de ne lui porter aucun préjudice.

Cette idée serait satisfaite, si le propriétaire, ayant élevé un mur à la limite de sa propriété, ne se trouvait plus obligé à en céder la mitoyenneté.

En prévision de cette cession, il se voit en effet dans la nécessité de construire un mur susceptible d'être utilisé par son voisin, faute de quoi, il devra éventuellement subir les ennuis et, parfois même, les frais d'une démolition et reconstruction.

Mais il n'est nullement certain que son voisin effectuera cette acquisition, puisqu'il ne peut l'y contraindre.

Il fait ainsi une avance de fonds, peut-être considérable, qu'il n'est pas sûr de récupérer, même partiellement.

Bien plus, malgré cette dépense élevée, il ne peut user du mur comme bon lui semble.

Son droit de propriété se trouve restreint par le seul fait que le voisin pourrait avoir l'idée d'acquérir la mitoyenneté de son mur.

Pour échapper à cette sujétion et rester maître chez lui, il lui faut user d'un subterfuge et construire à quelques centimètres de la ligne séparative.

Ne serait-il pas plus simple, pour éviter cette perte de terrain, qui ici existe réellement, de permettre au constructeur d'édifier son mur comme il l'entend à la limite de sa propriété sans qu'il ait à craindre l'acquisition de son voisin.

Serait-ce alors envisager la suppression de la mitoyenneté ? Il en serait ainsi si nous n'admettions que deux propriétaires peuvent décider de construire un mur mitoyen, et que dans ce cas, la réglementation légale subsisterait, délimitant, à défaut d'accords spéciaux, les droits de chacun d'eux.

La mitoyenneté consisterait en une copropriété à laquelle chacun resterait libre de se soumettre s'il y trouve son profit. L'intérêt particulier des voisins, s'il existe, commanderait leur adhésion à cette charge de leur propriété, sauf à ce qu'ils conservent comme ils l'ont actuellement, le droit de faire abandon de cette mitoyenneté.

Ainsi donc, chacun serait libre de construire comme il lui convient à la limite de son terrain, et, si deux voisins étaient d'accord pour édifier un mur mitoyen ou pour que l'un élève un mur dont l'autre acquerra ultérieurement la mitoyenneté, la loi déterminerait l'étendue de leurs droits respectifs, à défaut de convention entre eux.

Cette modification au texte de la loi devrait être complétée par une nouvelle disposition relative à la clôture forcée.

On sait en effet, que, sous le motif d'assurer la sécurité dans les villes et faubourgs, la loi permet à chaque propriétaire d'obliger son voisin à participer aux frais d'édification et d'entretien d'une clôture élevée à cheval sur la ligne séparative et dont la hauteur est déterminée par le texte.

Cette obligation de participer à la construction

d'un mur qu'on ne désire peut-être pas et qui, par surcroît, occasionne toujours une dépense importante, a déjà fait l'objet de critiques justifiées. M. Batbie, dans son *Mémoire* précité, écrit à ce sujet :

« Il se peut cependant que, loin de trouver un avantage à faire une clôture, je sois très contrarié par un mur qui me prendra ou la vue, ou l'air, et m'étouffera dans un espace trop restreint. Si mon voisin veut se clore, je ne dois pas l'en empêcher, ni au point de vue de la loi civile, ni au point de vue de la loi naturelle. Mais est-il juste de me faire contribuer, de force, à une construction qui m'incommode peut-être ? Si j'y trouve avantage, l'accord ne tardera pas à s'établir entre les intéressés, et la liberté des conventions remplacera avantageusement la co-action de la loi. Même quand j'ai intérêt à me clore, je puis être gêné par l'obligation de débourser une somme que peut-être je n'ai pas et que je serai forcé de demander à l'emprunt. L'article 647 qui permet à tout propriétaire de clore son héritage, consacre la seule règle qui soit conforme au droit, et, dans l'article 663 comme dans l'article 661, je trouve que la propriété n'est pas suffisamment respectée. »

L'application de l'article 663 trouve sa répercussion en notre matière.

Le premier constructeur édifie son mur à cheval sur la ligne séparative, sans rien demander à son voisin. Si celui-ci proteste contre cette emprise sur sa propriété, et exige la démolition de l'ouvrage mal implanté, le premier répondra en l'obligeant à édifier un mur de clôture à frais communs, qu'il surélèvera ensuite à ses frais.

Le voisin se trouve donc contraint à supporter la présence d'un mur qui lui est peut-être inutile et ne sert qu'au premier constructeur.

Pour ne pas perdre la surface du terrain utilisée par l'assiette de ce mur sur sa propriété, il n'aura d'autre ressource que d'acquérir la mitoyenneté lorsqu'il voudra construire à son tour.

Par un moyen détourné, sa faculté d'acquérir se transforme en quelque sorte en une obligation, son intérêt bien compris lui commandant l'acquisition pour éviter une perte de terrain.

Par ce fait même, il se trouve conduit à la nécessité d'utiliser le mur et, s'il a l'intention d'employer le béton armé ou le fer pour constituer l'ossature de son immeuble, il ne pourra que les adosser à ce mur.

Nous avons vu, en effet, qu'il lui serait interdit d'y encastrer cette ossature.

La loi s'oppose donc ici, d'une façon détournée sans doute, à l'emploi de ces matériaux sous forme de pans de béton ou de fer séparatifs.

Nous avons suggéré que la mitoyenneté ne devrait résulter que de l'accord des intéressés et non d'une obligation née de la loi.

La critique que nous adressons à l'article 663 se rattache, en les complétant, à celles formulées par M. Batbie.

Avec ce dernier, nous pensons donc que la suppression de cette servitude de clôture forcée devrait être envisagée.

Enfin nous croyons que certaines des suggestions de M. Guadet dans son rapport au Conseil Général des Bâtiments Civils, plusieurs fois cité, pourraient être utilement reprises.

C'est ainsi qu'une définition du mur mitoyen serait intéressante à insérer dans le texte, qui confirmerait le caractère d'indivision de la propriété du mur, contrairement à l'opinion assez répandue, que chaque voisin est propriétaire exclusif jusqu'à l'axe.

D'autre part, il serait utile de préciser ce que la loi entend par mur en matière de mitoyenneté, afin de faire cesser toute équivoque. Sauf accord entre les voisins, le mur édifié mitoyen ou susceptible de le devenir devrait répondre à cette définition.

Dans ces conditions, les modifications suivantes pourraient être apportées aux textes :

Art. 653. — Le mur mitoyen est la propriété commune et indivise des deux voisins qu'il sépare. Il est élevé par moitié sur les deux héritages. Il peut être mitoyen dans sa totalité ou seulement par parties.

Il doit être construit en maçonnerie pleine.

Dans les villes et campagnes.....

Art. 661. — Lorsqu'un mur est, du consentement des voisins, devenu mitoyen ou susceptible de le devenir, il est soumis aux dispositions de la présente section.

Sauf autre convention sur le prix, le propriétaire joignant au mur et qui se le rendra mitoyen remboursera au maître du mur.....

L'article 663 serait supprimé.

Nous n'avons pas la prétention de nous ériger en législateur, mais nous croirions avoir rempli notre but si nous avions pu contribuer, pour une faible part, à l'étude de la question très complexe et très abstraite soulevée par M. Tassin, au Ve Congrès des Architectes.

Il nous paraît qu'il appartient aux Sociétés d'architectes de la mettre au point et de soumettre au Parlement un texte qui rajeunirait celui de notre Code et le mettrait en harmonie avec les procédés modernes de construction.

INDEX BIBLIOGRAPHIQUE

Arnaud. — Cours d'Architecture et de Constructions civiles professé à l'Ecole Centrale en 1921. Paris, 1921. Imp. des Arts et Manufactures, 4 vol. in-8°, t. I.

Aubry et *Rau*. — Cours de Droit Civil français, t II.

Barberot. — Traité pratique de la Législation du Bâtiment et des Usines. Librairie Polytechnique. Paris, 1909.

Batbie. — Revision du Code Napoléon. Mémoire lu à l'Académie des Sciences morales et politiques lès 23 et 30 décembre 1865. Paris. Cotillon, 1866, in-8°.

Baudry-Lacantinerie. — Traité du Droit Civil, t. VI.

Carpentier et *Frère Joüan, Fuzier Herman*. — Répertoire général alphabétique du Droit français.

Dalloz. — Répertoire pratique. Servitude, t. X.

Delvincourt. — Cours de Code Civil, t. I. Paris, 1819, 3 vol. in-4°.

Demolombe. — Gours de Droit Civil, XI-XII. Traité des Servitudes et Services fonciers, L. II. I. IV.

Deschamps (Henri). — De la cession forcée de mitoyenneté. Thèse pour le Doctorat. Paris, V. Giard et E. Brière,1896, in-8°.

Desgodets. — Lois des Bâtiments suivant la Coutume de Paris. Paris, 1877, in-8°.

Dufour (Julien-Michel). — Code Civil des Français avec les sources où toutes ses dispositions ont été prises. Paris, 1806, in-8°.

Fenet (A.). — Recueil complet des travaux préparatoires du Code Civil. Paris, 1836, in-8°.

Frémy-Ligneville. — Traité de la législation des Bâtiments et Constructions. Paris, 1891, 2 vol. in-8°.

Guillemot Saint-Vinebault, Bécot et Leroux. — Manuel juridique de la propriété bâtie, t. I. Paris, 1928. Librairie de la Construction moderne.

Guadet (Julien). — Ministère de l'Instruction publique, des Beaux-Arts et des Cultes. Sous-Secrétariat des Beaux-Arts. Révision du Code civil. Rapport et propositions du Conseil général des Bâtiments civils. J. Guadet, rapporteur. Paris, Imp. Nationale, 1905, gr. in-8°.

Marcadé. — Eléments du Droit Civil français.

Masselin. — Nouvelle jurisprudence et Traité pratique sur les murs mitoyens. Paris Béranger, in-8°.

— Murs mitoyens, contiguïté, voisinages et servitudes. Revue décennale contenant la jurisprudence nouvelle de 1888 à 1898.

Pardessus. — Traité des Servitudes et Services fonciers, t. I. Paris, 1838.

Pothier. — Du Contrat de Société. De la communauté des murs mitoyens. Paris, Debure et Orléans, J. Rouzeau-Montant, 1764, in-12.

Société Centrale des Architectes Français. *Manuel des Lois du Bâtiment*.

Cours de législation du Bâtiment à l'Ecole des Beaux-Arts.

Journal *Le Bâtiment*, nos des 24 juillet 1927, 28 juillet 1927, 4 août 1927.

La Construction Moderne, nos des 24 juin 1923, 1er juillet 1923, 2 septembre 1928.

Rapports du Congrès technique international de la Maçonnerie et du Béton armé, mai 1928, IIe section, Méthodes nouvelles de construction.

L'Architecture, n° du 15 septembre 1927.

Science et Industrie, année 1927, n° 164, année 1928, n° 169.

Bâtiment et Travaux publics, 20 sept. et 27 sept. 1928, 11 octobre 1928.

Art et Bâtiment, n° du 15 mars 1928.

La Technique des travaux, octobre 1928.

Recueil technique de la Construction Moderne, n° 4 de juillet 1928.

Recueil juridique de la Construction moderne.

Conférences de Me Tassin, avocat à la Cour :

    1° A la S. A. D. G. le 25 juin 1925. Supplément au bulletin, n°s 15-16 des 1-15 août 1925 ;

    2° Au 51° Congrès des Architectes Français. Architecture, n° 9 du 15 septembre 1927.

TABLE DES MATIÈRES

440. — Imp. Jouve et Cie, 15, rue Racine, Paris. — 10-29